SCIENCEADVENTURE

刘兴诗
科学冒险故事

奇幻的海洋

刘兴诗 / 著

长江出版传媒
长江文艺出版社

目录
CONTENTS

第1天
冲破迷雾的小帆船

清晨的雾气迷迷蒙蒙的，笼罩着低低的海岸，笼罩着茫茫的大海，也笼罩着头顶上的天空。站在甲板上，几乎看不清周围的一切东西。

这是一个将醒未醒的梦，这是一幅朦朦胧胧的水粉画，还是真实的环境？

一艘小小的帆船划破平静的水波，静悄悄驶出了同样小小的港口，悄没声息消失在大海里，笔直朝着雾气笼罩的海上驶去。

这是一艘赶早出海打鱼的小渔船？这是一艘勤奋的水上运动员驾驶的赛艇？还是一艘趁着雾气隐蔽自己，由喜欢寻觅刺激的人开到海上去猎奇的船？

都不是的。

船上没有渔夫，也没有真正的海员，只有一群半大的孩子，在一个老师的带领下，出海去认识大海、考察大海。用他们自己的话来说，他们是一群少年海洋学家，打算从这里出发，去周游地球上所有的海洋呢！

啊，这是郑和，是法显，是哥伦布，是麦哲伦要做的事情呀！听呀，隔着白茫茫的雾气，隐隐约约传来了一阵歌声。看样子他们非常激动，十分满意面前的雾海，对即将展开的海上生活充满了热情和幻想。要不，怎么会这样兴奋呢？

海洋，蓝色的大海洋，

你有多么深沉、多么宽广？

浪花里有多少故事，多少古老的传说？

蔚蓝色的波涛下面，有什么秘密隐藏？

我们是小小的郑和，

向你问好，要对你拜访。

我们是少年海洋学家，

向你问好，要认清你的模样。

歌声随着呼呼响的海风，在海上传得很远很远。他们的幻想，一定也飞得很远很远吧。

这些勇敢的孩子是谁？让我们认识一下吧。

站在船头上的是少年海洋考察队长卢小波。他胸前挂着望远镜，正在努力辨认海上的情形呢！

在这只船上真正的水手的指导下，拉起船帆的是两个形影不离的孩子，小小的实习水手阿颖和徐东。坐在船尾学习操舵的是大力士郑光伟，手里拿着罗盘正在测量方位的是莉莉和罗冰。此外还有两个女孩子蓓蓓和茅妹，一个非常文静，另一个像小麻雀似的，整天叽叽喳喳吵闹个不停。一个满脑瓜充满了幻想，什么都想刨根问到底的男孩王洋。

最后还有一个特殊的成员，莉莉的小弟弟蓬蓬。他缠着闹着要和姐姐一道出海，实在没有办法把他拉开。卢小波只好和大家商量，答应带他上船。但是却给他说好，海上风浪大，可不是好玩的，他必须接受每个人的看管，不许乱跑乱动。其实，只要让他踏上甲板，他就乐得心里开了花，再也没有什么好说的了，连忙点头答应，表现得像一只听话的小羊羔似的。好在他们的爸爸是一位走南闯北的地理学家，曾经到过海外许多地方考察，对海上生活也很熟悉，非常爽快就同意了这个建议，还十分主动地提出了许多有关考察的意见，这些对他们未来的海上生涯有很大的作用。

这支小小的海上考察队的最后一个成员是陈老师。没有这位认真负责的老师，许多家长压根儿就不会把孩子放出来。有了他，就一切都不用操心啦。

不过陈老师却非常谦逊地说："我只是一个监护人，一切都需要发挥孩子们自己的主观能动性。船上有经验丰富的老水手，也用不着我多嘴多舌讲大海的事情。当然啰，如果他们遇着什么困难，我还是一定会尽力解决的。"

这支小小的海上考察队的成员介绍完了。末了，人们会不放心地问："难道这样漫长的海上航行，真的只靠几个毛孩子就能够完成吗？"

不，陈老师已经说过了，船上还有几个真正的水手呢。考察队租了这只船，无论如何也离不了他们。

他们是海上经验丰富的舵工老万大叔，水手宋跃和吴飞，都有多次环球航行的纪录。真正驾驶这只帆船的还是他们，孩子们只是特殊的乘客和实习水手而已。没有他们的帮助，不仅可能发生危险，还会寸步难行。

海上的雾气渐渐散开了，这只小小的帆船越驶越远。往前看，一片海天茫茫；回头看，已经没法看见身后的海岸线了。

陆地消失了，大海正慢慢显露出来。孩子们乘坐的考察船已经驶入了汪洋大海，再也没有退路了。事实上，他们也不想后退一步。

你好！大海。

你好！海上的新生活。

一群热爱海洋生活的孩子们来拜访你了。

海风啊，轻轻吹，带着这只小帆船去见识海水铺成的水世界吧。

海浪啊，慢慢荡漾慢慢涌流，托着这只寄托了多少心愿的希望之舟，开始漫长的平安航行吧。

海神啊，请你张开双臂，紧紧拥抱他们吧。

海的精灵啊，请你们袒露开胸怀，任随他们来探索水下的宝藏吧。

祝福你们，勇敢的孩子们，祝愿你们平安归来时，给我们讲述说不完的大海的故事，告诉我们数不清的大海的秘密。

第2天
无边的海洋

小小的帆船在海上航行了一天一夜也看不见边。

望着无边无垠的大海，茅妹忍不住赞叹道："大海真宽啊！"

蓬蓬也说："大海比我家门口的池塘大得多。"

哈哈！哈哈！蓬蓬说傻话，小小的池塘，怎么能够和大海相比？

茅妹忍不住又自言自语说："海里哪来的这样多的海水？"

蓬蓬也说："从前这儿是不是没有水，是下雨装满的？"

哈哈！哈哈！大家又笑坏了。大海这样大一个坑，得要多少雨水才能够装满呀！听了他们的话，卢小波说："别笑话他们。这是一个非常重要的问题，海洋里的水是从哪儿来的？咱们应该弄清楚才对。"

他一说，小伙伴们就闹开了。

有的说："海里本来就有这样多的水，这有什么好讨论的？"

有的说："大海是河水和天上的雨水装满的，还有什么好说的？"

东说西说，茅妹越来越糊涂了，她转过身子问陈老师："他们谁说得对？"

陈老师微微一笑说："我早说过的。这次出海，我只是你们的监护人。你们自己先动脑筋想一下吧。实在弄不清楚，我再给你们讲。"

是啊，陈老师的身份的确就是带队的监护人，主要负责孩子们的安全和别的生活问题，这是出发前当着家长们的面说好了的。因为这支孩子们自己组织的海洋考察队不是旅游团，不需要专门安排一个导游从头到尾讲解。应该发挥孩子们自己的主观能动性，自己观察、自己讨论解释，才能够学到更加丰富和有用的知识。实在弄不明白，有关海洋的知识，可以问经验丰富的老万大叔和两个年轻的水手。当然啰，有的问题也不是老万大叔他们都知道的。到时候，陈老师也会讲给大家听。

现在就该孩子们自己动脑筋。好在他们在出发之前，都认真准备了很久，多少也知道一些海洋的知识，只等迎接海上的现场考试了。

陈老师不说了，大家只好自己琢磨。

卢小波又说："地球刚形成的时候，哪会有水？依我看，海里的水就是后来河水和雨水灌满的。"

这一说，问题又来了。罗冰问他："如果是这样，河水和雨水又是从哪儿来的呢？"

卢小波没有想到这个新问题，搔了一下脑袋，说不出来了。

茅妹问罗冰："你认为地球上最早的水是从哪儿来的呢？"

罗冰早有准备，不慌不忙地说："最早的水是火山带来的。"

哈哈！哈哈！伙伴们又笑了。

茅妹不明白，问他："你说什么，火山里面怎么能够流出水来？"

阿颖也说："自古水火不相容。火山只能够喷火，难道还能够喷水不成？"

徐东立刻跟着取笑说："如果真是那样，火山就应该叫作水山了。"哈哈！哈哈！伙伴们笑得更加厉害了。

大家看罗冰，他却面不改色地解释说："火山不仅喷发出火焰和岩浆，也有一些水蒸气。这些水蒸气凝结起来，就可以积累许多水分了。"

蓓蓓也补充说："岩石里面也有一些水分，分离出来也能够集聚成水。"

啊，想不到他们这样想。看样子火里真的能够出水呢。

问题又一转弯，茅妹再问："只靠从火山口里冒出来的这样一丁点儿水蒸气，能够形成广阔无边的大海洋吗？"

是啊，这可是非常现实的问题，罗冰和蓓蓓想了一会儿，实在想不出来，也闭上嘴巴了。

莉莉站起来又说："地球上的水是从天上来的。"

茅妹质问她："如果地上还没有许多水，不会蒸发生成天上的云，又怎么能够下雨装满海洋呢？"

莉莉胸有成竹地说："我说的天上是太空。天上来的水不是雨水，是彗星带来的。"

"你说什么？"茅妹吃惊地问，"彗星也能带来水吗？"

"当然啰，"莉莉说，"彗星本来就是天空里的雪球，含有许多冰晶。坠落在地上，就能够带来许多水分了。"

这是真的吗？大家说来说去，说不出更多的道理了，只好问陈老师，请他评判谁对谁错。

陈老师瞧见孩子们都不说话了，这才慢慢发言道："这两个说法都有道理。现在人们相信，地球上的水，有各种各样的来源。"

噢，原来是这么一回事，想不到陈老师非常公平，各给一半的分数，大家皆大欢喜。

瞧着辽阔无边的大海，孩子们的心里不由升起了一股异样的感觉。

啊，大海呀，想不到你一半是从火山口里冒出来的，一半是天上的星星带来的。如果不是经过这一次认真讨论，谁会相信呢？

看着看着，茅妹的心里又冒出一个新问题了。

人们老是把"海洋"两个字联系在一起，它们是不是还有差别？要不，为什么有的叫"洋"，有的叫"海"呢？眼前的茫茫大海是"洋"，还是"海"？

阿颖说："这叫什么问题呀，'洋'和'海'不都是一回事吗？"

徐东立刻补充："从前有一个北洋舰队，其实说的是渤海和黄海的

舰队。又常常说下南洋，其实就是渡过南海到东南亚一些地方去。由此可见，'洋'和'海'是没有区别的。"

"不，"卢小波摇头说，"你说的'北洋'和'南洋'，不是严格的地理学的名词。真正的'洋'和'海'，是有差别的。"

"洋"和"海"有什么差别？

蓓蓓说："'洋'比'海'大些。太平洋不是比渤海、黄海、东海和南海大得多吗？"

卢小波说："只是面积大小，还不能很好说明问题。依我看，它们之间应该是等级大小的关系。"

茅妹不明白："'洋'和'海'的等级怎么划分呢？"

卢小波接着解释说："这应该首先看海洋和大陆的关系。"

瞧，真是越说越玄了。"洋"和"海"的等级划分，怎么会扯到大陆身上去呢？

茅妹越来越糊涂，问他："你说的是什么意思，陆地和海洋有什么关系？"

不仅是茅妹，别的伙伴也不明白，全都直勾勾盯住他，看他怎么

回答。

卢小波不慌不忙地讲："地球上的海陆分布最主要的是大陆和大洋，所以大陆之间的第一级水域是大洋。大洋再进一步划分，就是次一级的'海'了。如果把'海'再进一步划分，还可以分出海湾、海峡和别的部分。"

他这么一说，把"洋"和"海"的差别说得清清楚楚，茅妹一下子就明白了。

世界上有几个大洋？

卢小波翻开地图指给大家看："瞧吧，南北美洲和亚洲、大洋洲、南极大陆之间的是太平洋；南北美洲和欧洲、非洲、南极大陆之间的是大西洋；亚洲、非洲和大洋洲、南极大陆之间的是印度洋；亚洲、欧洲和北美洲之间的是北冰洋。"

茅妹问："地中海在欧、亚、非三大洲之间，红海在亚洲和非洲中间，为什么不也叫'洋'呢？"

卢小波说："这就因为它们的面积太小了，还够不上'洋'的标准呀。"

茅妹又问："杭州湾外面有一个王盘洋，也很小呀，为什么也叫'洋'？"

卢小波说："这是一个地方性的小地名，不是严格的科学名词。高兴取什么名字，就取什么名字，谁也管不着，不能算数的。"

王洋嘴快，立刻在旁边插嘴说："大街上有一个太平洋浴池，也叫'洋'。你相信里面的澡盆都和太平洋一样大吗？"

哈哈！哈哈！茅妹红着面孔不好意思再问了。阿颖却好奇地问道："地中海，为什么叫这个名字呢？"

王洋抢着说："这还不明白吗？因为它在陆地中间，四面都被陆地紧紧包围着呀。"

阿颖不服气再问："渤海也被陆地包围着，为什么不也叫地中海呢？"

卢小波提醒他："你仔细看呀，渤海并没有完全被陆地包围住，东边还有一个缺口。这种海，叫作内海。"

"黄海、东海和南海呢？"阿颖问。

卢小波说："它们都在大洋的边缘，叫作边缘海。"

说到这儿，很久没有作声的茅妹忽然冒出来一个奇想，好奇地问道："有地中海，还有没有海中海呢？"

"有呀，"卢小波说，"太平洋上的珊瑚海，就是一个'海中海'。"

"海上怎么会有'海中海'？"茅妹好奇。

卢小波说："它的周围有许多小岛，把它和大洋隔开了，所以就是'海中海'了。这种'海中海'，正儿八经的名字是岛间海。"

一场关于海洋的聊天结束了，老万大叔站在旁边听完了这场有趣的讨论，十分高兴地拍了拍卢小波的肩膀说："好孩子，你知道许多海洋的知识，会成为一个好水手的。"

第 3 天
五光十色的大海

大海，蓝色的大海，蓝幽幽的好像闪光的绸缎一样。

看惯了青山绿水的陆地景色，瞧着面前的蓝色的大海，孩子们感到非常新鲜。

蓬蓬好奇地问："为什么海水是蓝色的呢？是不是装满了蓝墨水？"

哈哈！哈哈！小伙伴们都笑了，站在后面的老万大叔也不禁咧开嘴角微微笑。

蓬蓬的话虽然非常幼稚，可是为什么海水是蓝的，却是初次出海的孩子们迎面遇着的第一个不解的问题。

茅妹猜："是不是和微生物有关系，海水里面有许多蓝色的微生物？"

王洋猜："是不是和盐分有关系，这是海水化学性质的影响？"

阿颖和徐东嚷道："蓝的，就是蓝的，有什么好说的？天空也是蓝的，难道也和微生物、盐分有关系吗？"

大家争来争去，谁也说服不了谁，在甲板上闹嚷嚷的，吵闹得像是一群麻雀。

站在旁边的老万大叔听了，狡黠地眨了一下眼睛说："海水到底是什么颜色，取一些来看一下就知道了。"

说着，他就指挥吴飞用绳子放下一个玻璃瓶子，十分熟练地从船边的大海里取了一瓶水，拿给孩子们看。

大家争先恐后挤过去一看，不由惊奇得瞪大了眼睛，说不出一句话。

啊，这是怎么一回事？明明大海是蓝的，为什么瓶子里面的海水却没有一丁点儿颜色？

清亮亮的，好像是玻璃似的，隔着瓶子可以看见瓶子那边的小伙伴的面孔，的确没有任何颜色呀！咦，这是怎么一回事？

茅妹感到怀疑地直勾勾望着吴飞说："你是不是在变魔术？"

王洋也感到怀疑地拿起瓶子看了又看，问他："你的瓶子洗干净了吗？"

阿颖也说："准是这个瓶子有问题，是不是悄悄在里面装了褪色的药粉？"

徐东干脆伸出舌头舔了一下瓶子里面的水，尝一下是不是有药粉的怪味。

王洋说："这个瓶子一定有问题，用我的水壶试一下吧。"

老万大叔微微一笑，不反对他的意见。吴飞也说："好呀！"他接过王洋的水壶，用绳子绑紧放下海，重新舀一瓶起来。大家一看，想不到还是透明的。

啊，这可奇怪啦，想不到换了一个容器盛水，依旧没有一丁点儿颜色，还是无色透明的。孩子们看看水壶里的水，又看看面前的蓝色海水，想破了脑袋，也想不出是什么原因，只好转过身子问陈老师。

陈老师说："这是光线的魔术呀！"

原来，照射在海水上面的太阳光，是红、橙、黄、绿、青、蓝、紫七种成分组成的。海水对不同颜色的光线吸收力不一样。对浅色的红、橙、黄的光线吸收能力最强，对深色的绿、青、蓝、紫光线吸收能力比较弱。

太阳光射进海水的时候，红色部分仅仅到达 30 多米的深度，就被海水吸收了，剩下来最多的是青色和蓝色。所以海水反射回来的，就只有这两种颜色最多了，看起来就是蓝幽幽的样子。

噢，原来是这么一回事。

茅妹好奇地问："如果海水再深些，又是什么颜色呢？"

陈老师说："如果海水很深很深，剩下的青色和蓝色的光线也会被吸收掉。这时候，水色就会变成深蓝，甚至变成黑沉沉的了。"

王洋恍然大悟说："照这样说，是不是可以根据海水的颜色判定深度呢？"

陈老师还来不及回答，旁边的老万大叔就点头说："可以呀！这也是海上生活必须知道的常识呢。"

老万大叔用手比画着，告诉孩子们不同颜色的光线在海水里吸收的情形。

红色光线一般在 30~40 米的地方，全部被海水吸收。

绿色光线在水深 100 米的地方逐渐减少。

蓝色光线在水深 500 米处也不多了。

水深 1700 米以下，什么光线也没有了。

瞧，这不就是海水颜色怎么反映深度的吗？

他们正在谈论，蓬蓬忽然在旁边叹了一口气说："唉，我已经看厌了这种蓝颜色，要是有五颜六色的大海才好呢。"

"有呀。"老万大叔告诉他，"你别着急，跟着我们慢慢走，就会看见五颜六色的大海。"

王洋感兴趣了，问老万大叔："您不是骗蓬蓬的吧？世界上真有五颜六色的大海吗？"

老万大叔回答说："水手不会骗人。海上什么稀奇古怪的事情没有？当然有各种各样颜色的大海啰。"

听见这话，孩子们一下子全都产生了兴趣。从前只听说过蓝色的大海，还从来也没有听说过五颜六色的大海，难道这是真的吗？

蓬蓬高兴地说："我知道啦，必定是水彩画的。"

阿颖和徐东连忙问："这些古里古怪的大海在哪儿？我们快去好好见识一下吧。"

卢小波也感兴趣问："生成不同颜色的大海是什么原因？"

老万大叔不慌不忙讲给孩子们听："你们仔细听吧，海上真有不同颜色的海水呢。"

"绿色的海水在哪儿？"卢小波问。

老万大叔说："在没有泥沙的浅水岸边。"

根据前面说过的，岸边的海水不深，主要反射出绿色光线，就好像是绿莹莹的水玻璃。

老万大叔又说："如果海水里有许多绿藻，也会造成绿颜色的海水。"

"青色的海水在哪儿？"阿颖问。

老万大叔说："比岸边的绿色海水稍微深一丁点儿，就是青色的海水。"

他随手写出从岸边到大海中心，由浅到深的地方，海水颜色一般变化的规律：

绿色——淡青色——蓝色——深蓝色

"黄色的海水在哪儿？"罗冰问。

老万大叔说："河流入海的地方，特别是泥沙很多的河流，带来大量泥沙，就会染黄海水，使它变成一片黄汤汤的了。"

这个道理不说也明白。莉莉说："我跟爸爸一起到过黄河口，那儿的海水就是黄的。"

罗冰猜道："没准儿黄海的名字，就是这样来的吧？"

"你说对了，"陈老师点头说，"流进黄海的黄河、淮河和海河，都是有名的多沙性河流，河口一带总是黄的，所以黄海就叫这个名字了。"

"红色的海水在哪儿？"徐东问。

老万大叔说："有名的红海，就是红的呀！"

"红海为什么是红的？"徐东又问。

老万大叔说："起初我也觉得很奇怪，为什么船到这儿，总觉得海水有些发红。后来时间长了才明白，原来有许多红色的藻类生物漂浮在水上，所以就叫作红海了。"

他说到这儿，站在后面的宋跃插话说："我们在美国的加利福尼亚湾里，也见过红色的海水呢。"

老万大叔一拍脑瓜说："你不提醒我，差些儿忘记了。那里的海水是褐红色的，有时候甚至变成了血红色，好像是鲜血染红的，水手们都叫那里是'朱海'。"

"黑色的海水在哪儿？"蓬蓬好奇。

聪明的罗冰不等老万大叔说出来，就猜道："准是乌克兰和土耳其中间的黑海。"

"你说对了，"老万大叔称赞他说，"你知道这是什么原因吗？"

罗冰是随口蒙的。这一问，就说不出来了。

老万大叔告诉他："其实黑海的海水并不是真正的黑色，只不过有些暗沉沉的，看起来似乎有些发黑罢了。"

"为什么会是这个样子？"

他解释说："这个情况很复杂。有人说，这和海底堆积了许多污泥有关。据我自己的经验，似乎和那里的天气情况关系还更大些。天空经常阴沉沉的，映照着海水，便会使人感到海水也有些发黑了。"

"除了这些颜色的海水，还有别的颜色吗？"大家问。

老万大叔说："有呀！北冰洋上一片白茫茫，说它是白色的水上世界，也一点不错。"

噢，想不到世界上真有五颜六色的大海，勾引得孩子们的心儿痒痒的，巴不得马上就把船开到那些地方去，好好开一下眼界。

第4天
咸 海 水

茅妹咕噜噜喝了一口海水。呸！又咸又苦，难喝得要命。

唉，海水啊，怎么这样难喝？难怪住在海边的人和船上的水手，干渴得嗓子眼儿里直冒烟，也不愿意喝一口海水。

噢，大海啊，瞧着你无边无际，翻翻滚滚的装满了水，比河里、湖里的水多得多，却一点也不能给人们解渴，有什么用处呢？

蓬蓬瞧见茅妹喝海水，傻乎乎地也跟着喝了一口，立刻就哇的一声吐了出来，险些儿没有张开嘴巴就哭。

"呸！咸海水，为什么这样咸，好像在一杯水里，加了一大勺盐。"

阿颖和徐东笑了，对他们说："谁不知道海水是咸的，谁叫你们喝呢？"

茅妹皱着眉毛问："为什么海水是咸的？"

蓬蓬歪着脑袋想了一下说："必定是我们天天洗脸，汗水流进洗脸盆，倒进小河里。小河水又流进大海，所以海水就慢慢变咸了。"

哈哈！哈哈！大家笑坏了。

笑了一会儿，茅妹不笑了，接着又问："老是笑干什么？谁能认真告诉我，海水为什么这样咸，还带一些儿苦味？"

大家都不笑了。王洋说："海水又咸又苦，和里面有许多盐分有关系。"

问题又出来了。这样多的盐分，又是从哪儿来的呢？

卢小波说："其实蓬蓬的想法也没有方向性的错误。他至少说明白了一个问题，海水里面的盐分，是河水从陆地上带来的。"

茅妹不明白，又问："河水不是咸的，怎么会把海水变咸呢？"

卢小波耐心向她解释："雨水冲刷地面，会把土壤和岩石里的盐分带进河里。虽然含量不多，我们喝河水，没有觉察出它有咸味。但是日积月累，经过了亿万年，也很可观呢。海水里的盐分就这样渐渐越来越多了。"

茅妹问："这样说，有证据吗？"

卢小波回答："当然有啰。有人计算过，现在每年通过河流冲进大海的盐分有 39 亿吨。请你算一算，经过了亿万年的积累，该会有多少盐分了？"

是呀，茅妹也明白了。一年 39 亿吨盐分冲进大海，1 亿年就是 39 亿亿吨。地球历史少说也有 45 亿年，加起来该有多少呀！他刚说到这里，快嘴罗冰就插话说："这样计算有问题。地球 45 亿年，是不是一开始就有大海？在这几十亿年里，环境条件变化非常复杂，要说每年都有这样多的盐分带进大海，谁也不相信。"

茅妹问他："依你说，海里的盐分是从哪儿来的呢？"

罗冰说："很可能海水本来就是咸的，不完全是从陆地上带来的。"

海水怎么会一开始就是咸的呢？

罗冰猜道："海底也有火山喷发，喷出来许多矿物质呀。海洋形成的时候，就有岩石里面的盐类溶解呀。"

噢，这个问题越说越说不清楚了。卢小波和罗冰还在争论不休，到底谁说得对？

陈老师仔细听了，对他们说："别争啦，你们说的都有道理。海水里面的盐分，不是单一原因造成的，这个问题可复杂呢。"

海水里面到底有多少盐分？

王洋说："咱们自己来测定一下海水的盐分含量吧。"

怎么测定海水的盐分？

陈老师说："要测定出海水里面的盐分，一般有两种方法。"

一个办法是在实验室里做氯滴定法。另一个办法是根据海水的导电性，间接计算出含盐量，可以在实验室里进行，也可以在海上现场进行。可惜船上没有化学实验室，也没有测量海水导电性的仪器，不能马上就自己动手测定。不过知道了这些方法，也算有一些儿收获呀。

王洋不甘心，再问："虽然我们不能马上动手实验，别人总测定过的。海水里面到底有多少盐分，快告诉我吧。"

陈老师说："世界大洋里面的盐分也不是均匀分布的。要不，只测量一次，就不用到处再测量了。"

为什么世界上不同的地方，海水里面的盐分不一样？

陈老师说："这和当地的水文条件、气候条件和别的许多条件都有关系，不是一句话就能够说清楚的。"

口说不清楚，陈老师撕下一张纸，简单写出世界大洋一些地方的海水盐分含量状况：

开阔的大洋上，海水盐度一般为 33‰ ~38‰，平均为 35‰

红海、波斯湾的海水盐度超过 42‰

红海个别地点的海底盐度，达到 270‰ 以上

北大西洋平均盐度为 37.9‰，马尾藻海的盐度最高

黑海盐度为 18‰

波罗的海盐度在 2‰ — 15‰ 之间

海水的盐度是什么意思？

海水里的溶解盐分的平均浓度，就是盐度。按照重量计算，以平均盐度 35‰ 来说吧，它意味着平均每千克海水里，含有 35 克的盐。

整个海洋里面的含盐量该有多少呀！为什么不同的地方的海水盐度有这样大的变化？

陈老师说："我已经说过了，这和不同地方的具体情况有关系。"

这些地方到底是什么具体情况？仔细一想，道理非常简单。

红海和波斯湾是封闭的，加上气候炎热，蒸发强烈，有两边的沙漠广阔，又没有河流入海。海水里面的盐度高，就一点也不稀奇了。

马尾藻海在北大西洋中心。蒸发也非常强烈，加上远离河流，那儿的海水盐度比较高，也容易理解。

黑海旁边有许多大河流进来，冲淡了海水，所以盐度就低了。

波罗的海也是一样的。不仅有许多大河小河流进来，由于气候比较寒冷，蒸发量很小，也导致盐度很低。

王洋感兴趣地问："如果这样说，北冰洋上到处都是冰块，夏天一些地方的浮冰融化了，加上也有许多大河流进来，盐度一定最低了。"

陈老师说："你可想错了。虽然有浮冰融化水，北冰洋里的盐度也不小呢。"

接着，他又写了一张纸条：

浮冰融化水盐度，0‰

北冰洋表面水层盐度，28‰ ~32‰

北冰洋水深 100 米—250 米处盐度，34.6‰

北冰洋水深 600 米以下盐度，34.93‰ ~34.99‰

北冰洋沿岸盐度，>25‰

为什么会是这个样子？

陈老师说："因为北冰洋不是封闭的，还有外面的海水流进来，特别是北大西洋的海流，带来了许多盐分。"

是啊，这话有道理。尽管北冰洋上面盖着厚厚的浮冰，蒸发非常

微弱。但是冰是冰、水是水，二者基本上不会掺和在一起。外面的海流流进来，好像在一杯水里加了一勺盐，就使北冰洋的海水也变咸了。

翻开地图看，北冰洋沿岸也有许多大河，流进来许多淡水，所以在它的沿岸地方的海水盐度比较低，也是可以理解的。

王洋还有最后一个问题，为什么海水盐度最高的地方不在赤道？

陈老师提醒他："因为那儿时常有暴雨呀！"

噢，明白啦。一场场猛烈的暴雨，从天上浇灌下来许多淡水，好比是瀑布一样，当然会冲淡海水啊。南北回归线那里，主要是上升气流，降雨少、蒸发强，沿岸沙漠多，很少有河流流进来，盐度当然就最高了。

发咸的海水，到底好，还是不好？

茅妹想起刚才喝的那一口又苦又咸的海水，皱着眉头说："呸！这样难喝的海水有什么好处？"

不！她刚说完，小伙伴们就嚷起来了。

王洋说："海水可以晒盐，是世界上最大的食盐供给来源。没有海盐，我们吃的盐就会减少一大半，影响多大呀！"

郑光伟说："海水还可以提炼许多有用的化学原料，是化工厂取之不尽的原料仓库。"

蓓蓓也说："从海水里面，还可以提炼一些化学成分制药，也很有用处呀！"

是呀，又苦又咸的海水也有许多用处呢。千万别像茅妹那样，"呸"的一下就完全否定了它的价值。

海水淡化的方法

1. 蒸馏法：把海水加热变成蒸汽，再使蒸汽变冷，就可以变成淡水了。

2. 电渗析法：使用通电的办法，经过阴离子膜和阳离子膜，把海水里的盐分解成阴阳两种离子，再渗透过薄膜，就能生成淡水。

3. 反渗透法：经过加压，使海水透过多孔的薄膜，好像过滤似的生成淡水。

盐度和海洋生物

海洋生物生活在咸海水里，是不是不管盐度怎么变化，它们都能够忍受得了？

那可不一定，海水里的盐度变化了，有的生物就受不了了。

海水盐度对海洋生物的主要影响，依靠穿过生物膜的渗透作用施加。所有的海洋动物，都有和正常海水处于渗透平衡的体液。如果盐度降低了，海水就会渗透过生物膜，使它们体内充水，这可不是什么好事情。

在茫茫大海里，什么地方最容易发生盐度降低的变化？不消说，是大河河口地区了。夏天洪水季节，滔滔河水涌进大海，就会使附近海域的盐度降低。遇着这种情况，生活在这儿的海洋动物怎么办？

有办法！有的紧紧闭住外壳，就可以不和外面沟通了。有的可以调整身体里面的体液浓度，适应新的情况。还有的实在忍受不了，三十六计，走为上计，赶快开溜就得啦。

第5天
冷海水、暖海水

　　暖暖的阳光，照在暖暖的沙滩和海面上。孩子们泡在浅浅的海水里，觉得整个身子都是暖洋洋的，舒服极了。

　　茅妹拍打着温暖的海水说："嗨，这样的海水真舒服呀！如果大海里到处都是这个样子就好啦。"

　　她这么随口一说，就引得周围的小伙伴们一下子说开了。

　　王洋头一个发表意见说："海水才不会到处都一样暖洋洋呢，要看是什么地方。北冰洋里的海水，也会这么温暖吗？"

　　是呀！在赤道，太阳直射海面，海水的温度自然就很高。在南北极，得到太阳的热量很少，海水温度当然就很低啰。这个简单的道理，谁不明白呀。

　　茅妹点头明白了，对大家说："既然是这样，世界大洋的温度分布太简单了。只消沿着一条条纬度划线，每条线上的水温必定都是一样的。"

　　她说得对吗？

　　卢小波摇头不同意，提醒她："海水温度分布状况非常复杂，哪有这样简单？"

　　茅妹不明白，大家刚刚才说过，海水温度和得到太阳的热量有关系。按照太阳直射和斜射的情况，沿着水平纬度划分，有什么错吗？

"你没有考虑海陆分布的情况,"卢小波说,"同一条纬度上,有海洋,也有陆地。在靠近陆地的地方,由于陆地温度变化比海水温度变化大得多,势必会对海水温度造成影响。这个海陆相互影响的因素,必须要考虑进去。"

莉莉也说:"靠近陆地的地方,常常有北方来的寒流、南方来的暖流,还要考虑它们对海水温度造成的巨大影响呀。"

卢小波接着又说:"同一条纬度上的海水温度绝不是一样的,具体的气候状况、海底火山喷发等等因素,也对水温有影响。"

王洋补充一句说:"还有海上漂流的冰山呢。在有冰山漂流的地方,好像一杯水里加了一个冰块,温度不下降才奇怪了。"

哈哈!哈哈!阿颖和徐东笑了,说道:"我们讨论的是整个大海的海水温度,小小的冰山能有多大的作用?"

王洋不服气地申辩道:"我说的是针对茅妹的说法,认为同一条纬线上的海水温度统统一样而讲的。大有大的影响,小有小的影响。如果在某个小范围里考虑,为什么不能讲冰山的影响呢?"

得啦,说了老半天,茅妹也服气了,这个问题就不用再说下去啦。

关于海水的温度,接着还有新的话题。

阿颖说:"海水到底是冷是热,还得看是什么季节。冬天的海水,就不会这样暖和。"

他说得对,大家听了谁也不反对。可是王洋想了一下却提出一个新问题:"请问,一年里到底什么时候的水温最高,什么时候的水温最低?"

茅妹想也不想一下就说:"当然是夏天最热的六、七月的水温最高,冬天最冷的十二月、一月水温最低啊。"

"你说错啦,"卢小波说,"海面水温最热、最冷的时候,总要比陆地最高、最低气温落后些。水温最高的时候不是六、七月,而是八月。最冷的时候也不是十二月、一月,而是二月、三月。"

蓓蓓说:"别说是不同的季节,就是在一天之内,也要看具体的时间。不同的时间,海水温度也不是一样的。"

她说得对,一天之内水温最热的时候不是中午十二点,而是下午二、三点。最冷的时候不是半夜,而是清晨。喜欢在海里游泳的人,谁都知道这回事。

噢,明白啦,海水温度和实际上的大气温度比,总要在时间上落后一些。要想研究海水温度的变化,必须明白这一点。

海水温度的问题就这样说完了吗?

"不,"王洋说,"我们只说了水面温度的情况。海底怎么样,是不是和水面一样的?也该认真讨论一下呀!"

茅妹感到诧异:"水上水下不都是一回事吗,难道还有差别吗?"

"当然有啰。"卢小波讲,"首先应该想一下,除了水底火山喷发,在一般情况下,水下的热量是怎么来的?"

茅妹说:"当然和太阳有关系,是从水面传下去的啊。"

卢小波点头说:"你想到这一点就对啦。现在我们要弄清楚的是,水面传下去的热量是用什么速度传播的。"

茅妹心里想,大概和烧开水一样,咕嘟咕嘟一下子就传遍整个海底了。

"那才不是呢,"卢小波说,"大海不是铁锅,太阳也不是紧贴着锅底

烧的一把火。海水里的热量传播过程，和烧开水不一样。"

海面的热量怎么在海水里往下传播呢？

茅妹想，尽管大海不是一口烧开水的锅，但是热量传播总应该是同样的情况吧。水面有多少热量，总会慢慢完全传播到水底。

"才不是这样呢，"卢小波说，"当热量从水面往下传的时候，会被四周的海水不断吸取。所以越往深处，热量就渐渐减少了，不会完全传播到海底。"

说对了，一般来说，海面的水温都比海底高。用太阳直射的赤道来说吧，那里水面温度可以达到 30℃ 左右，水底可能却只有 1℃ 或者 2℃。由于在往下传播的过程中热量不断散失，所以造成了上下水温很大的差别。

海水里的热量传播，到底是怎么进行的？

王洋想，海水里的热量传播，会不会也很快，是用同等速度传下去的？

卢小波解释说："不，海水里的热量传播非常缓慢。可是说来也奇怪，到了某个深度，大约在几十米到二三百米之间就突然加快了，这叫作水温的跃层。过了这个跃层，水温再渐渐降低，速度也不是太快。"

噢，原来是这个样子的。海水温度的传播，和想象中大不一样呀！海水温度就是这样的吗？

卢小波说："别忘记了还有变化呢。"

是啊，随着季节时间和其他许多因素的影响，不管平面还是水层上下，海水温度都会有变化的。这样的变化会不会给水里的鱼儿带来影响？

"当然有影响啊，"卢小波说，"由于海水温度变化，鱼儿也会像候鸟一样，成群结队到处迁移，形成了鱼群洄游。渔民伯伯瞅准了时机，就可以一网捞起一大网鱼了。

海水温差发电

海水温度变化可以利用吗?

可以的! 1950 年召开的世界动能会议上,有人建议在西非一个地方修建一座海水温差发电站。为什么选择在那儿建立这个奇特的发电站? 因为那儿海面的水温达到 28℃,水底 400 米的地方却只有 8℃,上下温差达到了 20℃左右。在这里安装好发电机,就可以利用温差发电了。

后来有人想,只是利用自然的海水温差还不够,不如干脆把海面温度比较高的海水引进一个太阳能加温池,加温得更高些,达到接近沸点,再引进真空汽锅进行蒸发,产生蒸气来发电。这样避免了在海下深处安装管道不方便的问题,同时还可以得到许多海水蒸发后留下来的浓缩卤水,作为化工原料呢。

第6天
"淹死"的鱼儿

宋跃站在船舷边，一网撒下去，捞起来满满一网黄花鱼。孩子们高兴地叫着喊着跑过去，都想好好看一下这些刚刚离开海水的鱼儿是什么样子。

蓬蓬一看，忍不住惊叫起来："啊呀！这是怎么一回事，它们的眼睛都鼓得这样大，好像快要蹦了出来？"

王洋也叫喊起来了："看啊，它把肚皮里面的五脏六腑也吐出来了。"

咦，为什么会是这个样子？

茅妹说："没准儿它的眼睛本来就是这样鼓起的吧？"

阿颖和徐东回想，在菜市场里看见的黄花鱼，都是这个样子的，不由有些同意茅妹的意见。

罗冰一看，却摇头说："就算它的眼睛是这个样子的，怎么解释它会把五脏六腑也吐出来呢？"

茅妹说："也不是每条黄花鱼都是这个样子的，可能吐出内脏的这条黄花鱼有病，是一个特殊现象吧？"

请问，他们谁说得对？

陈老师走过来，站在他们背后听了一会儿说："都别争啦，我们来做一个实验吧。"

陈老师要带领孩子们做什么实验？

是不是再撒网打捞一些黄花鱼，再仔细观察比较？

陈老师不说话，走回舱房拿出两个玻璃瓶说："就用这两个瓶子做实验吧。"

咦，这又是怎么一回事？讨论黄花鱼鼓眼睛和吐出内脏的问题，和玻璃瓶有什么关系？

王洋猜："陈老师一定要用玻璃瓶子捞鱼。"

喔，这话说得也有些道理。孩子们都干过在瓶子里装一些吃的东西，放下水引诱小鱼儿钻进去，一下子提起瓶子抓鱼的事情。陈老师是不是也想用这个办法抓鱼？

蓬蓬笑嘻嘻地说："这准是哈利·波特的玻璃瓶，里面藏着一个看不见的魔法师，可以把鱼儿变成小不点儿的鱼苗苗，统统装进去。"

顽皮的阿颖和徐东学着他的样子说："哈利·波特派来的魔法师还会把瓶子变成两条鱼，是不是？"

哈哈！哈哈！别的孩子都笑了。

他们说得对吗？

莉莉摇头说："蓬蓬说的是童话故事，不会是真的。"

卢小波说："玻璃瓶只能够在池塘里捉猫吃的小鱼，装不进黄花鱼。"

孩子们想呀想，想破脑袋也想不出来了，不知道陈老师的肚皮里面装的是什么药。

茅妹忍不住了，问陈老师："这两个瓶子到底有什么用处，到底和黄花鱼鼓眼睛有什么关系，告诉我们好吗？"

陈老师不说话，用绳子把两个瓶子拴得紧紧的放下水，才开口说："现在说也没有用处，等一会儿捞起来，你们自己好好看了再说吧。"

陈老师要大家看什么？

不就是两个瓶子么？

两个一样大小的瓶子，有什么差别？

王洋和茅妹都没有看出什么蹊跷，嘴里说："这可奇怪了，一样的瓶子，会有什么不一样呢？"

蓬蓬兴致勃勃，趁热闹嚷道："一个有魔法，一个没有魔法，这还不简单么。"

众人闹嚷嚷的，细心的蓓蓓却看出来了差别。虽然两个瓶子都是空的，一个瓶子紧紧盖着瓶盖，另一个却没有瓶盖。

这是陈老师的疏忽，还是别有文章？

老师不会骗人，也不会疏忽大意，其中必定另有玄机。

两个瓶子同时放下水，放得很深很深。过了一会儿，提起来一看，奇怪的事情发生了。只见塞紧瓶盖的瓶子已经破碎了，另一个没有瓶盖的却是好好的，一丁点儿也没有损伤。

问题一定出在瓶盖上。可是到底是怎么一回事，孩子们却不清楚其中的道理。

蓬蓬兴高采烈地呼嚷道："我早就说过，有一个瓶子有魔法，准是没有破的那一个。"

莉莉皱着眉头管住他说："这是科学，哪有什么魔法，你别瞎闹啦。"

到底是什么科学问题呢？

陈老师这才不慌不忙慢慢讲给孩子们听。

他解释说："这是海水压力造成的。为什么塞紧的瓶子破了？因为内外的压力不一样，在

外部压力影响下，瓶子就被压破了。没有瓶盖的瓶子，内外压力一样，当然就不会破。"

啊，说来说去原来是一个物理学的问题。根本在于海水里有压力，水越深，压力越大。

陈老师接着说："海水压力比空气压力大得多。同样体积的海水，要比空气重上千倍。海水每深 10 米，压力几乎就要增加 1 个大气压。请你们仔细算一下，在深深的海底，压力有多大？"

答案很快就做出来了。最深的马里亚纳海沟，深度是 11034 米，那儿的海水压力几乎达到了 1200 个大气压。每平方厘米面积所承受的重量，有 1.2 吨重！如果没有保护措施的人冒失地到那儿去，必定会被压扁了。

塞紧的瓶子放下水，一下子破碎了，也是这个原因。没有瓶盖的瓶子，里外的海水压力一样，就不会爆破了。

噢，这就是蓬蓬所说的"魔法"。只不过没有童话里的魔法师，而是一个非常普通的物理问题罢了。

黄花鱼鼓眼睛，和两个瓶子的实验有什么关系呢？

陈老师不说了，闭紧嘴巴让大家仔细想。

想呀想，有的孩子越想越糊涂了。瓶子是从上面放下去的，一个瓶子因为受不了深处的巨大压力，一下子破碎了。黄花鱼却是从下面捞起来的，怎么会鼓起眼睛，吐出肚皮里面的内脏？

莉莉想："这一定也是压力问题。"

卢小波猜："黄花鱼习惯了在深处生活，一下子捞出水面不适应，是不是也产生了内外的压力差？"

"说对啦，"陈老师点头说，"正是由于这个原因，包括黄花鱼在内的深水鱼类，出了海面后，因为体内的压力比外面大，所以才会鼓出眼睛，把内脏都吐出来了。"

淹死的鱼

　　常言道："如鱼得水"。鱼儿生活在水里，也会淹死吗？

　　淹死的鱼，算是什么鱼？准是骗人的鬼话！克雷洛夫寓言里有一个故事，愚蠢的狐狸检察官做了一个荒唐的判决，要把梭鱼丢进大海淹死。真是让人啼笑皆非。

　　哈哈！哈哈！寓言归寓言，怎么能够当得真？

　　那么，"淹死的鱼"，到底是真是假？

　　这是真的。因为海水里面的压力上下不一样，生活在底层的鱼到了表层，会因为内外压力不同而死掉。上层的鱼也照样不能到海底去，也会因为压力变化而死去。从这个意义上来讲，岂不是鱼儿也能"淹死"吗？

第7天
起起伏伏的海平面

海上没有风，大海平平静静的。平得好像是一个无限平坦的大桌子，静得好像是一幅挂在眼前的蓝色的油画。

几个孩子坐在沙滩上，注视着这幅图景出神。

王洋说："大海真平啊。从前人们说，大海是平的，似乎也有几分道理呢。"

茅妹问他："你说什么，你真的认为海面是平的吗？"

王洋手指着面前的大海，满不在乎地说："难道不是这样吗？咱们现在看见的大海的确是平的呀！"

茅妹提醒他："你怎么搞的，重弹起天圆地方的老调了。"

天圆地方，的确是老掉牙的玩意儿。古时候人们相信，大地和大海都是平的，弧形的天空罩盖着一切，整个天地的模型是"天圆地方"。现在茅妹说大海像是平坦的大桌子，岂不就是这个调子的翻版么？

为了指出她的错误，茅妹指着远远海平线上的一艘船说："瞧吧，现在我们只能瞧见它的桅杆。得要它慢慢走近了，才能够看见船身。岂不可以证明海面是一个圆弧，不是和桌子一样平吗？"

她说对了，古希腊一位学者最初论证大地是一个圆球，就是根据这个现象做出结论的。

王洋听了却大不以为然，争论说："你没有认真领会我的话。我只是说眼前的海面很平，并没有否定地球是圆球形状的意思。"

"说得对呀，"坐在旁边的阿颖说，"虽然整个地球是圆的，但是因为它实在太大了，完全可以把其中的局部地方当成是平面。"

徐东立刻接过来说："如果不是这样，哪来的'海平面'的概念呢？"

话题不知不觉转到海平面了，孩子们又打开了话匣子。

王洋说："海平面，就是海平面，这是海洋科学的一个重要的研究课题。"

阿颖帮腔说："不管怎么讲，海平面总是存在的。我们现在要讨论的，不是地球这个大圆球，而是海平面的问题。"

海平面有什么问题？

别的孩子还来不及开口，王洋就抢着发表意见了。他转过身子问茅妹："你知道珠穆朗玛峰的高度，是怎么算出来的？"

茅妹一下子没有转过脑筋，张口就说："这是测量队员用仪器测量出来的呀！"

王洋笑了，接着说："不仅珠穆朗玛峰，所有的山峰高度都是用仪器测量的。可是我们现在要问的，是珠穆朗玛峰的高度和海平面有什么关系。"

茅妹懵懵懂懂的，还有些不明白，反问他："耸立在'世界屋脊'上的珠穆朗玛峰，和大海隔得那么远，它们中间有什么关系呢？"

"有的，"王洋说，"我们都知道珠穆朗玛峰海拔 8848.86 米。请问，海拔是什么意思？"

茅妹回答说："海拔，就是从海平面拔起的高度啊。"

"说得对，"王洋点头说，"陆地上的高度测量，都是用海平面作基准。现在你说，珠穆朗玛峰和海平面有没有关系呢？"

噢，王洋弯弯绕说了老半天，原来说的是这回事。茅妹这才恍然大悟，不再反对讨论海平面的问题了。

海平面有什么问题？王洋说："问题可大了，让我们一个个讨论吧。"第一个问题，是不是世界上所有的地方的海平面，都在同一个水准面上？

茅妹想也不多想一下就说："那当然啰。我们常常说'水平'，就是表明水面总是平的。"

"不，"王洋摇头说，"世界大洋的水面，并不都是一样平。"

茅妹不明白，为什么大海不是一样平？

王洋解释说："海上的情况可复杂了。有风浪，有大河流进来，有洋流，有浮冰，也有大尺度的漩涡。加上潮汐、地震和其他各种各样的原因，都会造成水面不平。要说世界大洋不管什么地方都绝对一样平，不符合实际情况。"

大家一听，也有些道理，就不多说了。

第二个问题，测量珠穆朗玛峰的海拔高度，是从哪儿起算的？

茅妹急着说："当然是从海面计算的啰。"

王洋反问她："我们刚说过，世界大洋的海平面不是一样平的。测

量珠穆朗玛峰的高度，到底应该从哪里作为测量的基准呢？"

这一问，茅妹有些迷糊了，张开嘴巴没法回答。

蓓蓓插嘴帮她回答道："从前我听说过吴淞海平面是测量海拔的基准面，是不是这个地方？"

王洋说："那是很早以前的测量基准面，现在早就不用了。"

茅妹不明白，问："测量珠穆朗玛峰的高度，现在到底用什么地方做基准面？"

王洋说："为了全国统一标准，从 1957 年开始，我国的测量部门就使用青岛验潮站的黄海海面，作为大地测量的基准面了。"

茅妹一想，忽然想出一个问题。海水不是坚硬的岩石，总会起伏波动。以珠穆朗玛峰来说，测量精度要求非常高，测到了小数点后面两位数，不能超过几厘米的误差。可是在海上，几厘米算得了什么，波浪稍微起伏一下，就有几十厘米、几米高，不会影响测量的精度吗？

王洋点头说："你说得对。为了解决这个问题，使用的是多年平均海平面的高度。经过许多年的观测记录，就能够得出比较可靠的数据了。"第三个问题，世界上所有的国家都是采用多年平均海平面的高度吗？

王洋没法回答这个问题了，只好请陈老师帮忙。

"不，"陈老师说，"有的国家用最低低潮面，有的用平均低潮面。咱们中国用的是理论深度基准面，和一些国家不一样。"

第四个问题，海平面会发生变化吗？

陈老师说："陆地还会拱起又沉降呢，海面当然也有变化啰。"

什么原因会引起海平面变化？

陈老师说："王洋已经说过了短时间和小范围的变化。更加重要的是长时间、大范围的变化。"

哪些原因可以造成这样的大变化？

地壳升沉，气候变化，海水多少的变化，都能够造成海平面的剧烈变化。

噢，海平面的问题还真不少呀！

近10万年来我国东部沿海的几次海浸、海退

海浸即"海进",又称"海侵",指地史中某个相对短暂的地质时间内,由于海面上升或陆地下沉而导致海水侵入陆地的现象。海退即在相对短的地史时期内,因海面下降或陆地上升,造成海水从大陆向海洋逐渐退缩的地质现象。

我国东部沿海近十万年以来,就有过好几次海进、海退的变化,海平面升降的幅度很大。大约在10万年前,全球进入了温暖的间冰期阶段,冰川大量消融,引起海面上升,淹没了华北平原和苏北平原许多地方,直到沧州地区,造成了沧州海浸。

大约在7万年前,世界大洋的海面下降了100多米,海水退出了渤海盆地和黄海、东海的大部分地方。原来是波涛滚滚的大海,这时候露出了干枯的海底,形成一片片广阔的森林草原,是一群群哺乳动物活动的地方。到了距今4.5万年前,气候又变暖和了,发生了新的海浸。海水一直淹到河北省中部的献县一带,叫作献县海浸。不消说,渤海、黄海和东海又是一片汪洋。

大约在1.8万年前,海平面下降了150米。整个黄海成为一片大平原,喜欢寒冷的披毛犀、猛犸象到处出没,一直迁移到日本的北海道。古人类也从华北出发,把细石器带到了日本。东海也变成了平原,古人类迁移到了台湾。在这个时候,大批古人类也沿着白令陆桥进入了北美洲。

大约在1万年前,气候重新变得温暖潮湿,冰川消融,海面上升,发生了黄骅海浸。

后来在8500年前、6800年前,都曾经发生新的海浸。今天的海平面形成不久,谁知道往后还会不会发生新的变化呢?

第8天
大海的呼吸——波浪

哗啦，哗啦……一下又一下的波浪拍打着岸边的岩石，发出震耳的喧响。

茅妹和王洋紧傍着老万大叔坐在岸边。老万大叔早就看腻了大海，靠着一块礁石打盹。两个孩子却非常兴奋，眼睛动也不动一下，望着海上的波浪出神。

茅妹情不自禁地对王洋说："你看啊，海上的波浪好像是一排排山峰和山谷呢。"

王洋说："是呀，拱起来的是波峰，凹下去的是波谷。可惜这种海水'山峰'和'山谷'不能凝固不动。要不，和山地地形一样，一排排的，排列着不动，才有意思呢。"

哗啦，哗啦……茅妹问王洋："你看，眼前的波浪有多高？"

王洋说："你自己测量吧。"

茅妹又问他："怎么测量波浪的高度呢？"

王洋说："波峰和波谷之间的高度差，就是波高呀。"

茅妹又问："一排排的波浪有多长呢？"

王洋说："这还不简单么，两个波峰之间的长度，就是波浪的波长。"

哗啦，哗啦……海上的波浪起伏着，波峰上冒起许多白浪花。

白浪花真好看，可是茅妹却不明白这是怎么产生的。

王洋说："这还不简单么，这就是水里的气泡呀！波浪起伏得很厉害的时候，一串串气泡冒起来，就成为白浪花了。"

哗啦，哗啦……一排排波浪冲到岸边，一下子翻转过来，溅起许多水花儿，洒落在两个孩子的身上。

茅妹拭干净脸上的盐水，问王洋："为什么波浪涌到岸边，会变成这个样子？"

王洋想了一下说："我记得书上是这样说的。水质点只是在做圆圈运动，在岸边受到地形的影响，就会翻转过来，生成特殊的拍岸浪了。"

哗啦，哗啦……茅妹看呀看，看出来一个非常有趣的现象。为什么不管海岸多么弯曲，波浪总是笔直对着岸边涌来？

喔，这个问题可不好回答了。王洋搔着脑袋想了老半天，也想不明白是怎么一回事。侧耳一听，老万大叔打鼾的声音渐渐小了，大概

已经睡够了，就轻轻摇了一下他的肩膀，把他从睡梦中摇醒。

老万大叔张大嘴巴深深打了一个呵欠，睁开眼睛看了一下说："这还不简单么，这是波浪的折射作用造成的呀。"

他说得对，这个不可解的谜，就是这么一回事。

波浪的折射，是传播速度发生变化造成的。在很深的大海中间，波浪翻转不能碰到水底，所以不会引起波速的变化。当波浪从深水区传播到岸边的浅水区的时候，波速随着水深变浅，就渐渐变慢，开始发生折射了。由于岸边的等深线大致和海岸平行，所以就造成了波浪总是笔直对着岸边涌来的现象。

茅妹又问："伸进海心的岬角、防波堤，会不会干扰波浪运动的方向呢？"

老万大叔说："当然有影响呀！要不，修造防波堤干什么？不过在

这种情况下，波浪还会发生绕射，照样会把波浪传播进来，只不过小了许多而已。"

哗啦，哗啦……哗啦不息的波浪，老是响个不停。两个孩子的心里不禁又冒出一个问题。为什么波浪老是这样哗啦、哗啦汹涌起伏着，没有一丁点儿平静的时间？海上的波浪，到底是怎么产生的？

王洋想也不多想一下就说："常言道，无风不起浪。海上的波浪，是风搅起来的。"

茅妹也想起一句老话说："无风也有三尺浪。波浪，不一定和风有关系。"

到底是"无风不起浪"，还是"无风三尺浪"？两个人说来说去说不清。

王洋说："有风，就有浪，这是谁也没法否定的事实，难道有什么不对吗？"

为了证明自己说得不错，他引用了五代时期著名诗人冯延巳的一句词：

风乍起，吹皱一池春水。

他对茅妹说："你看，一股风吹来，连小小的池塘里，也会吹拂起一阵水波。在无边无际的大海上，难道不会生成同样的波浪吗？"

茅妹也不服气地说："我不否认风是产生波浪的一个原因。但是'无风三尺浪'这句话，也是有道理的。"

他们两个谁也不服谁，到底谁说得对？

老万大叔说："别争啦，你们都说得对。"

不同的意见都对，这是什么意思？老万大叔为了安慰两个孩子，稀里糊涂和稀泥吗？

"不是的，"老万大叔说，"这不是故意和稀泥，真是这样的呢。"

先说"无风不起浪"这句话吧。

人们早就注意到了，当风速达到每秒 0.3 米的时候，平静的海面上也会形成微微的波纹，这就是"吹皱一池春水"。再大一些，就会涌起一排排起伏不定的波浪了。风越大，海上的波浪也越大。

"无风不起浪"这句话，不消说是对的。

王洋得意了，斜着眼睛笑吟吟望着茅妹说："瞧，我说的话没有错吧。"

茅妹说："你别急呀，老万大叔还有话没有说完呢。"

老万大叔话锋一转，接着讲出另一句话。

他点头说："茅妹说得对，'无风三尺浪'也没有错。"

王洋急了，问他："风浪，风浪，有风才有浪。没有风，怎么会有浪？"

老万大叔提醒他："海上波浪生成的原因很多，不仅仅是风引起的。只要稍微动一下脑筋，就明白了。"

是呀，海底地震会引起波浪。

火山喷发，也能造成波浪。

天空里的陨星掉进大海，海边山崩，冰川断裂，一艘大轮船经过，都可能激起一些波浪。就是一条滚滚流动的大河冲流进大海，也可以推动着海水，引起一阵阵波浪呀。

请问，这难道不是"无风三尺浪"吗？

王洋一听，傻眼了，不得不承认这话也有几分道理。

老万大叔接着又说："这里没有风，远处起风浪，也会造成波浪。"

王洋的脑筋一时来不及转过弯，不明白："这是怎么一回事？"

老万大叔反问他："你见过池塘里的波浪传播吗？一个地方起了浪，会造成涟漪，一圈圈传播到远处去的。"

噢，原来是这么一回事。大海也是一个"大池塘"。甲地起了风浪，也可以朝四面八方扩散，传播到别的地方，在乙地、丙地造成波浪。

这种由外地传播来的波浪，叫作涌浪。

涌浪和一般的波浪有些差别。它的波长比较长，最长的有好几百米；波峰圆滑，波脊线也很长。它的传播速度很快，有的可以达到每小时 40 千米左右。涌浪真的是日行千里，可以把远处无风地带的船儿也弄得摇摇晃晃的。坐在船上没有经验的人，还不知道是怎么一回事呢。

老万大叔说："涌浪可以预报台风的消息，住在海边的人们非常关心它。"

说到这里，又引出了第三句话："无风来长浪，定有狂风降。"

还有一句谚语说："风停浪不停，无风浪也行。"

是呀，在台风活动的季节里，海边有经验的人们瞧见海上无缘无故传来一排排长长的涌浪，就知道没准儿台风快要来了，必须马上做好防范的准备。

啊，想不到远处传来的涌浪，还是一个称职的台风警报的预报员呢。

茅妹问："波浪的力量到底有多大？"

老万大叔说："让我举几个例子吧。"

第一个例子发生在英国的苏格兰海岸。有一次，波浪把一座栈桥上的 1370 吨重的石头移动了 15 米远。5 年后，在同一个地方，波浪又冲垮了新建的 2600 吨重的栈桥。人们计算出，波浪冲击的力量可以达到每平方米 29 吨之巨。

第二个例子发生在美国西海岸的俄勒冈州。有一次，一个巨浪竟把 60 千克重的石头，抛上了 28 米高的灯塔上面。

第三个例子发生在荷兰阿姆斯特丹，一个 20 吨重的混凝土块，被波浪抛上 6 米多高的防波堤上。请算一下，它的投掷力量有多大呀！

茅妹又问："最大的波浪有多高？"

老万大叔说："由于没有完整的统计，谁也没法非常准确回答这个问题。不过也有一些记录，也够厉害了。"

他略微想了一下，就随口讲了两个测量记录。

1933 年 2 月 7 日，从菲律宾起航的美国油轮拉梅波号，在每秒 30 米 ~40 米的风速下，遇到了 34 米高的巨浪。船身被卷起来，又沉落进深深的波谷，好不容易才逃脱了危险。

1961 年 9 月 12 日，一艘英国气象考察船测量到 20 米高的大浪。

啊，这样大的波浪真可怕，如果在海上遇见了，弄得不好就会造成沉船的海难事件。

老万大叔说："一般来讲，只要波高超过 6 米，就可能引起灾害。当然啰，这也得看是什么船了。对一般的小渔船，3 米高的风浪就有危险。万吨巨轮遇着 9 米以上的大浪，才需要小心注意。"

王洋问："风浪从什么方向来，危险最大？"

老万大叔说："一般来讲，侧面的浪危险大，正面的风浪稍微好些。"

侧面的风浪会造成横摇，如果导致船的自由摇摆周期和波浪周期相当，就会引起共振现象，发生突发性的大振幅摇摆，一下子把船掀翻。

正面的风浪造成纵摇。虽然比横摇好些，可是如果太厉害，也能够使船尾的螺旋桨露出水面，造成机械失控而翻船。

如果波长和船的长度相当，船头和船尾架在两个波峰上面，中间的船身悬空，也会拦腰截断而沉船呢。1952 年 12 月 16 日，一艘美国的万吨轮船在地中海上遇着风浪，就是被这个原因截成两段沉没的。

两个孩子一起问："海上的波浪到底吞没了多少船？"

老万大叔低头沉思了一会儿，轻轻摇了一下头说："从古到今这种悲惨的事情太多了，谁也没法统计清楚。不过根据 200 多年以来的海难记录，起码也有上百万艘船只被风浪击沉了。甚至一些海上钻井平台，也曾经被风浪掀翻。请注意，这还不包括永远也无法计算的无数小船呢。"

哗啦，哗啦……波浪还在不停地喧响着。

望着眼前的起伏不息的海上波浪，王洋和茅妹心里不禁涌起一股说不出的滋味，不知道应该说好，还是不好。

风浪等级表

风力 （蒲氏级）	风速 （米/秒）	海况 等级	海上情况
0	<0.3	0	海面如镜，桅杆上小旗不动
1	0.3 – 1.5	1	出现波纹，小船微微晃动
2	1.6–3.3	1	桅杆上小旗微动。渔船张帆，每小时移动 2 米千 ~3 千米
3	3.4 – 5.4	2	桅杆上小旗半展。渔船张帆，每小时移动 5 千米~6 千米 波浪很小，波峰开始破碎，有玻璃色浪花
4	5.5 – 7.9	3	桅杆上小旗招展。渔船满帆时，船身倾斜一方。 波浪不大，但是很触目，波峰破裂，有的地方有白浪花
5	8.0 – 10.7	4	大旗招展，渔船缩帆
6	10.8 – 13.8	5	缆索鸣响，渔船加倍缩帆，捕鱼时应注意安全。 波峰上浪花很多，风开始从波峰上削去浪花
7	13.9 – 17.1	6	渔船避风或抛锚。波峰呈长浪形状， 被削去的浪花沿波浪斜面伸长
8	17.2 – 20.7	7	甲板上很难迎风走动。进港渔船不外出。浪花布满波浪 斜面，有的地方到达波谷。波峰上布满浪花层
9	20.8 – 24.4	8	机动渔船航行困难。稠密浪花布满了波浪斜面， 海面因而变成白色，只有波谷内有的地方没有浪花
10	24.5 – 28.4	8	机动渔船航行危险
11	28.5 – 32.6	9	机动渔船航行十分危险。整个海面布满了稠密的浪花层， 空气中充满了水滴和飞沫，能见度显著降低
12	>32.6	9	海浪滔天

第9天
守信用的潮汐

涨潮了，一阵阵潮水奔腾着、喧嚣着，扑上了海岸，刹那间就吞没了整个沙滩，所有的地方都盖满了汹涌的海水。潮水激起了一个个浪头，追赶着四散奔逃的孩子们，把盐水沫儿飞洒在他们的身上，沾湿了他们的衣服，你好像是一个突然出现的巨人，在后面大声咆哮着警告他们："快跑吧！要不，就来不及了。"

落潮了，海水呼的一下就顺着沙滩退落下去，露出了一大片湿淋淋的白沙滩。孩子们打着光脚丫儿，啪嗒啪嗒踩着沙地往前跑，追赶着越退越快的海水，兴高采烈地欢呼着，边跑边弯下身子，抢着拾取五光十色的贝壳，抓住来不及逃跑的小鱼小虾。运气好的话，他们还能够逮住一个惊慌失措的小海龟。不消说，这就是一天里最快活的时间啦。

每天涨潮又落潮，都给孩子们带来了欢乐。

王洋说："我喜欢涨潮，可以看见海水涌上滩头的奇观。"

茅妹说："我喜欢落潮，可以顺着它追赶，比赛谁跑得快。"

郑光伟说："我喜欢涨潮，可以听见潮水演奏的一首最雄伟的乐曲。"

蓬蓬说："我喜欢落潮，可以拾到大海爷爷送给我的许多礼物。"

每天涨潮又落潮，到底是怎么形成的？

王洋猜："是风把潮水卷起来的吧？"

茅妹猜："没准儿是一股洋流把潮水赶上岸的。"

郑光伟猜："这可能和海里的一个神秘的力量有关系。"

蓬蓬说："这就是海里的妖精干的事情。"

每天涨潮又落潮，一天里到底有多少次？

王洋说："每天涨潮两次，落潮两次，还用多说吗？"

茅妹说："我在秦皇岛海边看见，一天里只有一次涨潮、一次落潮。"

郑光伟说："我在南海边看见，时而一天里有两次涨潮、两次落潮，时而又不是这个样子。"

蓬蓬说："涨潮和落潮都是妖精干的，它想怎么干就怎么干，谁也猜不着。"

每天涨潮又落潮，涨潮和落潮有一定的时间吗？

王洋说："当然有固定的时间啰。我听爷爷讲过，潮水最讲信用，从来也不会误了时间。如果人们都像潮水这个样子，那就好啦。"

茅妹说："那可不一定。水是水、人是人，别扯在一起谈。"

郑光伟说："我看潮水活动是很有规律的，其中必定有奥妙。"

蓬蓬嚷道："潮水是妖精，想什么时候来，就什么时候来。想什么时候走，就什么时候走，这就是妖精的脾气。"

请问，他们谁说得对？

孩子们都张开嘴，争着想说自己的看法。卢小波说："别急，这里有好几个问题。一个个问题说，一个个人挨着讲吧。"

莉莉说："首先得弄明白，什么是潮汐。这个问题没有弄清楚，别的就不好谈下去了。"

卢小波点头说："好的，你就开头吧。"

莉莉说："潮汐是海水周期性的涨落现象。"

茅妹问她："为什么不叫潮水，要叫潮汐呢？"

莉莉解释说："潮汐这两个字大有文章。古人给它取这个名字，非常有道理。"

潮汐这两个字有什么奥妙的文章？

莉莉说："古人把白天的潮水涨落叫作潮，晚上的潮水涨落叫作汐。请看这两个字吧，里面藏着非常清楚的时间观念呢。"

潮汐两个字里有什么奥妙？大家像猜字谜似的看了又看、想了又想，别的伙伴还没有想出来，聪明的罗冰就一下子恍然大悟了，使劲拍了一下大腿说："啊，真妙不可言呀！"

潮汐两个字到底有什么奇妙？请仔细看它们的字形吧。

"潮"，是"朝"加上三点水，岂不表示是早潮吗？"汐"，是"夕"加上三点水，岂不就是晚潮吗？

由此可见，咱们的老祖宗早就发现潮汐有早晚时间变化的规律了。"潮汐"两个字，充分反映了古人对它有非常深刻的研究，也表现出中国方块字的奇妙魔力。

关于潮汐的概念，还有什么好说的？

罗冰接着说："潮汐活动包含了海水的升降进退，可以分出涨潮和落潮，高潮和低潮。"

他的话怎么进一步解释？仔细一想，可以引出许多有关的概念。

潮水有水平方向的运动，形成了进退；也有垂直方向的运动，形成了升降。把升降、进退结合在一起，上升、前进是涨潮，下降、后退是落潮。

涨潮水位最高的时候是高潮，落潮水位最低的时候是低潮。

高潮和低潮之间的水位差，叫作潮差。

潮差最大的时候的海面升降是大潮，最小的时候是小潮。

茅妹问："最大的大潮有多大？最小的小潮有多小？"

罗冰说："我查到一个资料，在加拿大的芬地湾，最大的大潮达到19米高，可以算是天下最高潮了。"

王洋不服气地问："钱塘江潮水是有名的天下奇观，难道比不上它吗？"

罗冰说："钱塘江潮水固然了不起，但是最大的时候约为芬地湾的一半。"

最小的潮水在哪儿？

罗冰说："地中海、波罗的海、墨西哥湾的潮水最低，低得简直可以忽略不计，算是无潮海。大洋中心的一些小岛附近，有的潮差也很小，还不到 1 米呢。"第一个问题说完了，接着说什么？卢小波说："谁能告诉我们，潮汐是怎么生成的？"

蓓蓓说："潮汐的生成和太阳、月球的引力有关系。其中，月球的作用最大。"

她说对了，尽管月球比太阳小得多，可是由于距离地球近，对海水的引力却大得多。

除了太阳和月球的引力，形成潮水还有别的原因吗？

蓓蓓说："有的，海底地震也能引起潮水。"

这是真的吗？蓓蓓说："当然是真的，请听一个例子吧。"

公元 1364 年 6 月 23 日晚上四更的时候，松江靠近海边的地方忽然涨起了潮水，大家感到很奇怪。这个时候不应该涨潮呀，怎么会出现潮水？后来才弄明白，这是附近发生地震造成的。

为什么每个月会有大潮和小潮呢？蓓蓓说："这和太阳、月球、地球的相互位置有关系呀。"

是的，每个月的农历初一、十五，也就是出现新月、满月的朔、望时候，太阳、月球和地球分布在一条直线上，太阳和月球的引力从不同方向"拉起"海水，影响特别大，所以造成了大潮。每个月初七、初八和二十二、二十三，也就是上弦月和下弦月的时候，太阳和月球的位置互成直角，引力互相抵消一部分，潮水就会小些，只能形成小潮了。

这样一说，每个月就有两次大潮、两次小潮了。

一天有几次潮水呢？王洋说，一天两次涨潮、两次落潮。茅妹说，一天一次涨潮、一次落潮。郑光伟说，时而一天两次涨潮、两次落潮，时而一天一次涨潮、一次落潮。到底谁说得对？

这个情况在课本上面没有写，孩子们全都说不出来了。转过身子眼巴巴望着陈老师，请他评判谁说得对。

陈老师说："他们说的都是真的，不过一天两次涨潮、两次落潮的情况最普遍。"

茅妹又提一个问题："为什么钱塘江的潮水特别大？"

阿颖说："听说是和古代两个冤死的英雄有关系。"

徐东连忙帮腔说："一个是楚霸王项羽，一个是战国时期的伍子胥。他们死不瞑目，每当月圆的时候，就一前一后怒气冲冲地闯进钱塘江，掀起特别大的潮水，好像想把仇人一口吞了似的。"

卢小波摇头说："神话故事怎么靠得住？你们别胡扯了，这个问题我来回答吧。"

钱塘江潮到底是怎么生成的？这是特殊的地形条件造成的。

原来，它的河口像是一个大喇叭，最外面的杭州湾差不多有100千米宽，到了里面的海宁地方，却只有3千米宽了。涨潮的时候，许多潮水一下子涌进来，就不免发生堵塞，形成特大的潮水了。

除了特殊的地形，还和特殊的季节、钱塘江本身往外涌流的江水、海上的风有关系。

在中秋节前后，月亮正圆的时候，由于月球引力的影响，潮水特别大。恰巧这个时候海上的风也很大，钱塘江的江水也特别大，江水和从江口倒灌的潮水猛烈顶撞，激起了很大的潮头。许多条件加起来，所以潮水就更加汹涌了。

钱塘江观潮是有名的旅游项目，如果在这儿建立一座海潮发电站，让滚滚怒潮为生产建设服务，那就更好啦！

科学知识卡

名词解释

半日潮：一昼夜出现两次高潮、两次低潮。这种情况最常见，我国的渤海、黄海、东海海区都是这样的。

日潮：一昼夜一次高潮、一次低潮。这种情况比较少见，我国北方只有秦皇岛是这样的。南方的汕头、北部湾也有这种特殊的日潮。

混合潮：每隔几天发生变化，时而半日潮、时而日潮，我国南海海区大多是这个样子。例如海南岛的榆林港，在一个月里，常常半个月是日潮，半个月是不规则的半日潮。

涌潮——指逆流而上的潮波。

咸水楔——因为海水的密度大，所以在涨潮的时候，会在水底带着一股咸水，向上游涌去，就是咸水楔。

钱塘江潮的几种现象

一线潮：这是在河道顺直，没有沙洲的情况下形成的，好像是一道水墙，排成一条直线汹涌而来。在海宁的盐官附近，河槽宽度向上游急剧收缩，所以潮头特大，是观赏一线潮最有利的地方。

交叉潮：在江心有沙洲的地方，由于沙洲干扰，往往能够生成两股潮流，互相交汇成为这种特殊的交叉潮。

二度潮：这也生成在有江心洲的地方，由于一股潮流速度较快，没有和另一股交汇在一起，两股潮流一前一后涌进钱塘江，就形成了二度潮。

回头潮：当一股潮流遇到岸边的障碍，一下子退回来，就生成了回头潮。

双峰潮：这是遇到岸边的障碍退回来，又再次涌上去的潮水。

对撞潮：这是退回的潮流和后面的潮流相互撞击的情况。

第10天
大海上的"河流"

奇怪啊，真奇怪，孩子们乘坐的考察船扬起了帆顺风航行，走了一天一夜，怎么越走越慢，好像倒退了。

茅妹问王洋："咱们的船真的倒退了吗？"

"好像是真的。"王洋点头说。

"你有什么根据说倒退了呢？"茅妹又问他。

王洋手指着远处一座小岛说："你看，我记得非常清楚，我们曾经驶过了它，怎么现在又经过它了？"

茅妹说："海上的小岛多的是，你是不是认错了？"

"不，我绝对没有认错，"王洋说，"我给它拍过一张照片。你看一下，岂不就是它吗？"

茅妹接过照片仔细一看，没有错呀，所有的细节完全相同。照片上的小岛不是眼前这座岛，还会是哪座岛呢？

这可奇怪了，是不是在海上遇着了"鬼打墙"？陆地上常常遇见这种事情，埋着脑袋往前走，走了很久却发现又转回到原来的地方。考察船现在出现的情况，是不是同样的现象？

不，这不是"鬼打墙"。所谓"鬼打墙"，是在没有调整好前进方向的情况下，不知不觉绕回了原来的地方。这需要兜好大一个圈子，才能不知不觉实现。可是孩子们乘坐的考察船在罗盘的引航下，绝对

不会偏离航向，也不会发生这种事情。

不是稀里糊涂的"鬼打墙"，还会是什么原因呢？

老万大叔笑吟吟不说话，陈老师也闭住嘴巴不作声。可以看出来，他们必定早就商量好了，要给孩子们出这个奇怪的考题。蓬蓬说："老万大叔是魔术师，一定使了魔法，叫船往后退的。"

老万大叔摇头说："我不是魔法师，没有这样的本领。"

不是"鬼打墙"，也不是魔法，还会是什么原因？

茅妹猜："是不是风把船吹回来了？"

不对啊，风把帆吹得胀鼓鼓的，正在往前吹，怎么会往后退呢？

孩子们猜来猜去，猜破了脑袋，也猜不出到底是什么原因。

站在旁边的宋跃忍不住了，告诉他们："因为我们是逆水行舟呀！"听啊，他说什么？

逆水行舟！！！大海不是河流，河水顺着河床往下流，怎么会逆水行舟？老万大叔这才十分郑重地点头说："他说得不错，现在咱们的确是在逆水行舟。"

哇！想不到还有这种事情，海水也分上游和下游，也会逆水行舟。今天是不是4月1日愚人节？

老万大叔没有骗人吧？这是在做梦吗？

太阳是不是变成了方的？地球是不是停止了旋转？鱼儿是不是张开翅膀在天上到处飞？一切大自然的规律是不是全都乱了套？

孩子们你看着我、我看着你，不知道是怎么一回事。老万大叔和陈老师这才相互交换了一下眼色，开始说话了。老万大叔反问孩子们："你们以为海水像装在盆子里面的洗脸水，没有固定的流动方向吗？这是陈老师和我商量好的，专门带你们来尝试一下海上逆水行舟的滋味。"陈老师解释说："这是海上的洋流呀！"

这一说，卢小波想起了，从前在书上看过墨西哥湾流的故事，想不到自己第一次航海也遇见同样的事情了。

正是神奇的墨西哥湾流，在大约四五千年前，把一只随波漂流的古代印第安人的独木舟送到今天的英格兰海边，发生了一段神秘的"美洲来的哥伦布"的故事。

正是神奇的墨西哥湾流，在哥伦布发现新大陆500年前，把一些热带美洲的树木送到荒凉的挪威海岸，激发了诺曼海盗红头发埃立克的幻想，勇敢扬帆西航，先后发现了冰岛和格林兰。他的儿子里奥尔和后继者，还到达了今天的加拿大和美国东北部。

正是神奇的墨西哥湾流，把热量带到欧洲西北部海岸，使这里的气候比世界上同纬度的地方更加温暖，大大促进了农业和其他经济领域，以及文明的发展。

正是神奇的墨西哥湾流，一直流进了北冰洋，流到摩尔曼斯克，使这里成为不冻港，对开展北冰洋的航行，起了不可磨灭的作用。

墨西哥湾流有上百千米宽、1500多米厚，每秒流量达到100亿立方米，超过了世界上所有的河流流量的总和。走遍全世界，也别想在陆地上找到这样巨大的河流。

墨西哥湾流是怎么产生的？

陈老师说："和盛行风有关系呀！"

由于地球自转的影响，那儿总是吹着盛行西风，推动着海水向东流。再加上地球自转偏转力的影响，就生成了偏向东北方向的墨西哥湾流，浩浩荡荡横过北大西洋，一直流到欧洲西北部海岸。

话说到这里，卢小波猛然想起。这儿在太平洋上，和墨西哥湾流距离遥远，中间还隔着美洲大陆，怎么会遇着洋流呢？

哈哈！老万大叔笑了，告诉他："世界上到处都有洋流，不是只有墨西哥湾流。"

这里在北太平洋上，现在遭遇的是什么洋流？

老万大叔这才打开一张海图，上面画着许多箭头，全都代表洋流运动的方向。还有一些不同颜色的箭头，代表盛行风向。

他手指着其中一条说："瞧，这是北赤道洋流。沿着赤道以北的低纬度，从东向西流动。我们就在它的顶托下被迫后退，所以成为逆水行舟。"

北赤道洋流是怎么生成的？从风向箭头可以看出来，原来是这个纬度上的东北信风造成的。

北赤道洋流横跨太平洋，全长14000多千米，比黄河、长江长得多。当它流到我国台湾附近，受到了阻挡，就转向北方流去，进入了东海。因为海水有些发黑，所以叫作黑潮。

黑潮流到日本的九州岛的南面，流出了东海。继续向北流到北纬40度，进入了西风带，再向西偏转，成为北太平洋洋流，一直流到北美洲西海岸。在那里又受到陆地阻挡，朝南面转弯，成为加利福尼亚洋流。然后在赤道附近，重新汇入了北赤道洋流。

啊，原来洋流在太平洋里转了一个大圈子。别的海洋也是一样的，都有自己的漩涡一样互相补充的洋流系统。

在洋流图上，为什么有的洋流用实线、有的用虚线表示？

陈老师说："这是不同的洋流性质呀。"

从低纬度向高纬度流的是暖流，水温比较高，可以带来许多热量。前面说过的黑潮，就是一个最好的例子。

从高纬度向低纬度流的是寒流，水温比较低。前面说过的加利福尼亚洋流，可以作为例子。

王洋最后问："深深的海底，也有洋流吗？"

陈老师说："有呀，有人专门研究过这个问题，做出了大洋深处的环流模式图。"

这个模式图是什么样子的？

大体说来，在赤道地区由于表面增热，促使海底水流上升。当其平流到两极附近，又向下沉降，沿着海底向赤道海底流动。这就是目前人们知道的海底水流的运动模式了。

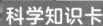

墨西哥湾流发现的故事

1513 年，西班牙航海家庞斯在·德·列昂率领三艘帆船，从卡纳维拉角出发，沿着佛罗里达海峡扬帆向南驶去，想不到没有往前进，却稀里糊涂后退了。风往南吹，桅杆上的主帆和前帆、后帆统统都是张开的，怎么会发生这样的事情呢？

他想来想去想不通，看来唯一的原因只有海水了。这里是不是有一股强大的海流向北流，才把帆船倒推回去了？

他发现的，就是大名鼎鼎的墨西哥湾流。可惜他的发现没有引起人们的注意，人们反而认为他胡言乱语，没有把他的话当成一回事。之后的两个半世纪里，谁也没有再提到这件事了。

时间推移到美国诞生不久的时候，当时担任邮政总局局长的富兰克林注意到一个现象：从美国开往英国的船，总比从英国返航的船快些。

他带着这个问题，问他的表弟捕鲸船长福尔格。福尔格告诉他，似乎有一股巨大的洋流穿过北大西洋流向欧洲，所以从欧洲到美国的船全都是逆水航行，当然就慢得多了。

富兰克林觉得很有兴趣，决定把这个问题弄清楚。可是大海茫茫，海水没有边界，怎么知道这股洋流在海上的什么地方呢？

他想来想去，想出一个办法。因为这股洋流发源于墨西哥湾，比较温暖，他就指示捕鲸船，随时用木桶取水测量水温，由此在海图上圈划出了墨西哥湾流的位置。

第11天
可怕的海啸

不好了，海边突然发生了一场灾难。

遇着台风了吗？

发生地震了吗？

一颗火流星坠落在这儿了吗？

有人落海，被鲨鱼一口吞掉了吗？

要不，就是一艘油轮沉没了，石油污染了大海？

都不是的，当时当地什么事情也没有发生。

这一天，海上没有一点风，水面平平静静的，好像镜子一样。一艘艘渔船在海上撒网打鱼，一群群海鸟低低掠过水面，又高高飞起来，发出快乐的鸣叫。

这真是一个难得的风平浪静的好日子啊。海上和海边的人们，谁遇见这样的好日子，都会笑嘻嘻的，放心大胆玩着海水，好好享受一下身边的乐趣。

这样的好日子里，孩子们才不愿意窝在岸上不动呢。他们一起缠着陈老师和老万大叔，七嘴八舌要求出海去。

"这样平静的大海，不抓住机会出去玩一下，还等什么呀！"王洋说。

"为什么今天不出海？"茅妹问。

"赶快出去吧！我们一分钟都不能忍受了。"阿颖和徐东一起叫嚷道。

蓬蓬也尖声叫喊："我想到海上去玩！"

说得对呀，这样好的天气实在太难得了。今天不出海，怎么也说不过去。

面对着孩子们的纠缠，陈老师说："是不是能够出海，要听老万大叔的意见。"

老万大叔伸开双手无可奈何地解释道："不是我不愿意出海，不巧船上的尾舵坏了，要修理一下才行。"

呜，这样好的天气，偏偏船坏了，真倒霉呀！常言道，天有不测风云。又有一句俗话说，塞翁失马，焉知祸福。想不到孩子们没法出海，却逃脱了一场可怕的灾难。

孩子们垂头丧气坐在岸边，正眼巴巴地望着大海，觉得眼馋的时候，忽然听见海上远远传来一阵狂风暴雨般的响声，平静的大海转眼就变了样子。一排排掀天的巨浪排山倒海似的涌来，把一些来不及做出反应的小船掀翻。一艘大船也经不住颠簸，立刻侧身翻沉下去。

啊，这是怎么一回事？孩子们全都吓呆了。

老万大叔的反应最快，一下子就明白了，立刻招呼陈老师，赶快带领孩子们转身逃跑，边跑边喊："快跑呀！海啸来啦！"

刚才还一片宁静平和的海面和海边，一下子变了一个模样。海上不用多说了，岸边也立刻乱成一团。一个个小山一样大的巨浪猛扑上岸，冲毁了挡住去路的房屋、汽车和别的东西。忙乱中只听见波涛撞击建筑物的嘭嘭响声，房屋倒塌的声音，四散奔逃的人们的大呼小叫。所有的人和建筑物仿佛都一下子陷进了一个突然冒出来的地狱里。多亏老万大叔及时组织孩子们撤退，否则后果不堪设想。

孩子们躲在一个安全的角落，直到这场海啸过去了，才面无人色、胆战心惊地钻出来。

他们看见了什么？

整个港市已经完全被摧毁了。靠近海边的房屋几乎完全倒塌，电线杆和大树被连根拔起，街边堆满了残砖断瓦，好像经历了一场激烈的战争似的。

不消说，水边的码头也被破坏了，无数大大小小的船只翻沉进水，有的肚皮朝天，有的泡在水里，只露出桅杆尖。

再一看，孩子们不由吃了一惊。只见一艘渔船被大浪卷起，笔直送进城，不可思议地斜搁在一座被压塌的屋顶上。好像这里曾经是海底，它是直接乘风破浪驶到这儿搁浅似的。

啊，海啸，想不到竟是这样厉害，简直像是一颗水上原子弹。

一场可怕的灾难过去了，孩子们渐渐平息下来，才定下心来仔细回想整个事件的经过，想弄明白海啸是怎么发生的。

陈老师说："这是海底地震引起的。"

孩子们不明白："刚才这儿好好的，没有发生地震呀。"

陈老师说："近处的地震可以引起海啸，远处的地震同样可以引起海啸。"

这是真的吗？隔得很远的地方发生地震，怎么会在这里造成海啸呢？

陈老师解释说："地震引起的海啸传播很快，可以达到每小时上千千米，比有的飞机还快。20 世纪夏威夷的两次海啸，就是最好的例子。"

夏威夷的这两次海啸，都和远方的地震有关系。1946 年 4 月 1 日凌晨，人们正睡得香，忽然一阵 8 米多高的浪头猛扑上来，冲毁了许多房屋，造成了很大的损失。事后查明，这是阿留申群岛发生的一场地震，激起的波浪很快传到了几千里外，在这里突然造成了一场海啸灾难。

1960 年，智利发生大地震，当地发生了可怕的海啸。狂暴的海水又以每小时 600 千米 ~700 千米的速度向西横扫整个太平洋，袭击了夏威夷群岛，还一直传播到 17000 千米外的日本，使上千所房屋被冲毁，两万多亩田地被淹没，600 多人死亡，15 万人无家可归。这是 20 世纪 60 年代以来，日本最大的自然灾害。

孩子们又问："只有地震才能造成海啸吗？"

"不，"陈老师说，"火山爆发也能够造成海啸。1883 年，喀拉喀托火山爆发，就引起了一场海啸。浪头有 35 米高，经过印度洋和大西洋，一直传播到西欧海岸。"

孩子们不明白，为什么海啸比普通的波浪更加厉害？

陈老师说："波浪只是水面的波动，海啸可以从海底卷起，当然就厉害得多啰。"

孩子们不放心，再问："发生海啸的时候，正在大海中间航行的船，一定受到的影响更大吧？"

"那可不一定，"陈老师说，"海啸在深海引起的波浪不算太大，很少造成灾难。到了浅海后，由于深度急剧减少，能量突然集中，波浪高度就会迅速增大。到了接近海岸的地方，势头更加猛烈，造成的危害也就更大了。"

日本三陆海啸和智利海啸

1896年6月15日傍晚7点左右，日本三陆地方的居民正在庆祝丰收，忽然觉得脚下的地皮颤抖了一下。20分钟后，岸边的海水忽然哗哗地后退，露出一大片湿淋淋的水底，在惨白的月光下显得异常难看。

又过了一会儿，海上忽然传来一阵暴风雨般的响声，一排又一排30米高的浪头冲扑上岸，把挡路的所有的东西横扫得干干净净。事后仔细清点，总共死亡了27000多人。

这就是一场突如其来的海啸。真可怕呀！前面说过的，1960年的那场智利大地震中，海边南北长480千米、宽19千米~29千米的地段，在几十秒内就一下子沉陷了两米多，地震毁坏了许多房屋，造成了许多伤亡。人们纷纷逃出来，一直逃到地势开阔的海边躲避。正在这个时候，聚集在海边的难民们忽然看见海水迅速后退，立刻又猛扑上来，卷起30多米高的浪头，飞快冲上岸，把来不及逃跑的难民统统卷进大海，摧毁了地震劫后剩余的房屋，比地震本身造成的灾害还大。

第12天
迷迷茫茫的海雾

清晨的海上，一片白茫茫。

这是什么呀？

这是雾气啊。

不知道从什么时候开始，海上悄悄起雾了。

这场海雾不是一下子就冒出来的。起初它薄薄的，掺和在黎明和残夜交会的夜色里，好像是还没有消散尽的夜色的一部分，谁也没有注意。后来天色渐渐发亮，它也渐渐浓密了，才在清晨的亮光映照下，成为白茫茫一片，遮蔽了天空，笼罩着整个大海。

啊，雾气迷茫。

啊，雾气笼罩下的大海，更加迷迷茫茫。

王洋和茅妹是今天的值班见习小水手，一大早就起床了，站在船头瞭望海上的情形。他们看呀看，朝着海上望去，看不见一丁点儿东西。四面八方都被浓密的雾气包裹着，好像腾云驾雾似的。

啊，今天的雾真大呀。这样大的雾，会不会影响航行安全？

王洋说："赶快向老万大叔报告吧。"

茅妹点头说："说得对，这样大的雾不报告，我们还算什么见习水手呢？"

他们正嘀咕着，打算转身回去报告，背后却早已不知不觉出现了一个身材高大的人影。

这是老万大叔。

他一定早就发现这场突然出现的海雾了，脸色严峻，一言不发，锐利的目光迅速朝着四周扫视着，看清楚了海上的情形，才缓缓启声对面前的两个孩子说："别惊动你们的同学，让他们多睡一会儿吧，我已经做好安排了。"

两个孩子从他的面孔上，看出了他还没有讲完的话，这才感觉到船速似乎减小了，正在平稳地慢慢行驶。船身没有一丁点儿摇摆，一切都和平时一模一样。

他们不由非常佩服海上经验丰富的老万大叔，问他："遇到海上起雾，都必须这样处置吗？"

"是的，"老万大叔轻轻点了一下头说，"遇到海上起雾，首先应该减速，加强对周围观察。轮船还应该拉汽笛，其他船只也应该想法发出讯号，提醒迎面驶来的船只注意。"

茅妹问："大海这样宽阔，难道还会发生撞船的事故吗？"

老万大叔说："你别瞧大海无边无垠，其实几乎所有的船只都沿着一定的航线航行，平时相互可以望见。起雾的时候，如果不注意，就会发生碰撞的事故。"

茅妹又问："真有这样的事情吗？"

老万大叔说："谁还骗你不成？这样的事情可多啦，1993 年，我国的向阳红 16 号科学考察船，就是在雾海上被撞沉的。"

两个孩子都听说过向阳红 16 号科学考察船，那可是一个名副其实的海上科学实验室呀。它的沉没，不知造成了多大的损失。

啊，雾呀雾，想不到这种弥漫在空中的水汽，竟会造成这样大的海难事件。

凝望着海上弥漫的雾气，茅妹禁不住问："海上的雾是怎么生成的？"

老万大叔说："雾就是雾，不管陆地还是海上，都是同样的生成原因。"

雾是什么东西？

老万大叔说："这就是弥漫在空气里的凝结的水汽啊。"

陆地上的雾和海雾有差别吗？

老万大叔说："当然有差别啊。这不是生成原因的差别，而是生成以后怎么扩散的差别。"

他说得对，陆地上的地形条件变化复杂，雾气生成和扩散情况也

很复杂。海上却不一样了，一旦生成了海雾，就会顺着平坦的海面扩散开来，雾时间就弥漫了整个海面。这就是今天早晨，两个孩子不一会儿就瞧见雾气扩散开的根本原因吧。

海上的雾气到底是怎么生成的？

老万大叔说："海上和陆地一样，生成雾气必须要有两个条件。"

他说的是什么条件？

一个是作为凝结核心的凝结核，另一个是已经凝结的水滴必须悬浮在空中。

如果没有凝结核，即使空中有许多水分，怎么凝结成水滴呢？

如果凝结的水滴一下子就落下来，空中怎么会有雾气飘浮呢？

王洋听了，问老万大叔："陆地上空有许多灰尘，可以作为凝结核。海上的尘埃少得多，用什么作凝结核呢？"

老万大叔告诉他："水里散发出来的盐粒呀，这也是充当凝结核最好的材料。"

多大的水滴，才能够较长地悬浮在空中？

老万大叔说："科学家测量过，形成海雾的水滴直径不超过 10 微米，才可以悬浮在空中，不容易飘散。"

啊，原来是这样。不消说，风力也有关系。如果风很大，空中的雾气就很容易吹散。只有在风力很小的情况下，海上的雾气才能够长久漂浮不散。

王洋最后问老万大叔："您在海上生活了这么多年，什么地方的海雾最大？"

老万大叔想了一下说："这可一下子说不清了。不过在海上暖洋流和冷洋流交会的地方，往往总有很浓的雾。冷空气吹过南方温暖的海面，暖空气经过北方寒冷的海面，也会造成很大的海雾。"

海雾的类型

平流雾：冷暖洋流交会，或者冷暖空气经过不同温度的海区时，造成水汽凝结生成的雾气。

冻雾：主要发生在南北极地区，由于空气温度在0℃以下，使水汽冻结成雾了。

青岛雾牛

青岛是黄海上的重要港口，来往船只繁忙。每年3－7月，正是海上航行的黄金季节，那里常常会发生海雾，给航运事业带来很大的麻烦。1976年4月,青岛的胶州湾内连续4天大雾,3艘货轮撞上同一块礁石搁浅，造成很大的损失。

为了避免海雾造成事故，19世纪末，人们曾经参照火车汽笛的原理，设计了一个奇特的发声导航装置，把它做成一头铜牛，安放在海边，用来报告有雾的天气。每当海上起雾的时候,藏在铜牛体内的雾笛就会发出"哞、哞"的牛叫声音，警告过往船只注意，成为青岛特有的一道风景线。

古老的青岛雾牛，早已完成了它的历史使命。1954年，在胶州湾的团岛灯塔上，人们安装了一个功率更大的电雾笛。这是一个正对着进出港口的航道的大功率电喇叭，有雾的时候每半分钟鸣叫4次，5海里外都可以听见。直到海上能见度大于2海里的时候才停止，给雾海上的安全航行提供了更好的保障。

向阳红 16 号考察船的悲剧

1993 年 5 月 2 日清晨 5 时 5 分，我国国家海洋局的向阳红 16 号科学考察船正在东海上，穿过罕见的大雾缓缓向前行驶着，准备前往太平洋上的夏威夷海区，执行深海锰结核调查的任务。当它到达北纬 29° 12′、东经 124° 28′ 的地方，忽然船身一阵猛烈震动，右舷一下子破裂了，海水大股大股涌进船舱，5 分钟后便开始倾斜下沉。

船长眼见情况严重无法抢救，只好忍痛下令弃船。不到半小时，这艘排水量 4400 吨，最大航速 19 节，续航力 1 万海里，抗风力可达 12 级，能够在台风里安全航行，装载有各种先进的通讯导航设备、各种科学仪器和实验室，曾经建立了巨大功勋的科学考察船，就船头向上翻沉进大海了。由于撞击严重，舱门变形无法打开，3 名科研人员来不及撤退，不幸随船牺牲，是 1949 年以来罕见的海难事故，给海洋考察事业造成了巨大的损失。

这次事件是怎么造成的？原来是一艘银角号货轮不顾大雾弥漫的天气，不按照有关航行规定，不发出任何讯号，竟在雾气中快速行驶。尖锐的船头像斧头一样，一下子撞进了向阳红 16 号考察船的腹部，使后者猝不及防地严重受损而迅速沉没。

第 13 天
水下音乐会

两个年轻的水手宋跃和吴飞，趴在甲板上，耳朵紧紧贴着甲板，不知道在听什么。

茅妹问他们："你们在听船底的波浪吗？"

宋跃摇摇头，闭紧嘴巴不说话。

王洋问他们："你们在听底舱里面的老鼠跑来跑去吗？"

吴飞在嘴唇边竖起手指，警告他不要大声说话。

咦，这可奇怪了。难道他们没有事情做吗？像毛孩子一样趴在地上干什么？

宋跃缠不过他们，只好告诉身边几个好奇的孩子："别吵闹，我们在听水里的鱼儿呀！"

听水里的鱼儿！这是什么意思？

哈哈！哈哈！有的孩子忍不住笑了。

谁都知道，鱼儿只会张开嘴巴吐几个气泡泡，不会发出声音。

难道鱼儿会唱歌？

难道鱼儿会说话？

难道鱼儿会告诉他们，海底有什么神奇古怪的秘密？

蓬蓬来劲儿了，立刻也学着他们的样子趴下去，把耳朵贴着甲板说："谁说鱼儿不会讲故事？我也想听它们讲一个最好听的海底童话呢。"

别的孩子也怀着浓烈的好奇心，纷纷跟着趴下去，尖着耳朵仔细听水里传来的声音。

他们到底听见什么了？

哗啦，哗啦……这是拍打着船底的波浪。不消说，这个声音最大，几乎淹没了其他一切声响。

除了波浪的声音，还有别的声音吗？

起初，孩子们什么也没有听见。也许是不习惯，也许是耳朵不好使，也许别的声音都特别小，不定下心来，别想听见一丁点儿。

渐渐的，他们似乎听见什么不平常的声音了。尽管还没有一个孩子说出来，但是从他们的脸上表情的微妙变化，也可以猜出几分了。

卢小波听着听着，露出了惊奇的表情。

郑光伟听着听着，不由自主扬起了眉毛。

王洋听着听着，忍不住大声叫喊起来："啊呀！我听见了鸟儿的叫声。"

他说什么！难道海底也有鸟儿吗？

他刚喊叫过了，阿颖和徐东也跟着喊起来："水里真的有'吱吱'的鸟儿叫呢。"

罗冰虽然也听见了，却还有些怀疑，皱着眉头说："会不会是我们的心理作用？"

"不，这不像是心理作用，"莉莉说，"如果只有一个人听见，可能是心理作用。大家都听见了，就不是什么心理问题了。"

卢小波问宋跃和吴飞："真的是鸟儿叫吗？"

宋跃说："不是的，这是一群小青鱼游过来发出的声音。"

话还没有说完，王洋又喊叫起来了，呼嚷道："真奇怪呀！我听见'咚咚'响的鼓声。"

吴飞说："这是驼背鳟鱼在找朋友。"

阿颖说："我听见树叶沙沙响。"

宋跃说："这是黑背鲲发出的声音。"

徐东说："我听见谁在呼噜、呼噜地打鼾。"

吴飞说："这是刺鲀鱼的声音。"

茅妹说："我听见一群小蜜蜂嗡嗡叫。"

宋跃说："这是小鲶鱼游泳的声音。"

蓬蓬高兴地说："我听见小狗汪汪叫。"

吴飞说："这是箱鲀，不是小狗。"

蓓蓓说："我听见了老母鸡下蛋的咯咯叫声。"

宋跃说："海里哪有老母鸡，这是黄姑鱼的声音。"

郑光伟说："我听见一阵呜呜、哼哼的奇怪声音。"

吴飞说："这就是我们都熟悉的黄花鱼呀！它在产卵的时候就会发出这种声音。它们产卵以前'沙沙''吱吱'乱叫，产卵后又非常满足地'咯咯'叫。"

啊，真奇怪呀！谁都知道，鱼儿没有气管和舌头，全都是天生的

哑巴，怎么会在水里发出声音呢？

是啊，谁听见过金鱼缸里的小金鱼说话？谁听见过海洋馆里的鲨鱼和别的鱼儿聊天？

茅妹问："是不是鱼儿都怕羞，离开水面就不好意思叫了？"

王洋说："没准儿是它们离开了水就害怕了，闭住嘴巴不敢再哼一声。"

"不是的，"宋跃说，"鱼儿的确都是哑巴，它们发出的声音和嘴巴没有半点关系。"

吴飞解释道："鱼类发声是用别的器官发出来的。"

他说对了，鱼儿有的是使用不同的器官相互摩擦，有的是喷出空气来出声的。

用黄花鱼来说吧，它可以用肌肉迅速振动，或者排出鳔里的空气来发声。如果把它的鳔摘除了，就真的变成哑巴了。还有的鱼用鳃盖摩擦、鱼鳍里的硬刺摩擦、肛门突然放气，以及肌肉收缩带动鳔和有"弹簧"的脊椎骨振动而发出声音，千奇百怪说也说不完。

话说到这儿，孩子们好奇地问宋跃和吴飞："你们趴在甲板上听鱼儿的声音，有什么用处？"

宋跃说："我们在侦察水里的鱼儿活动的情况。"

吴飞说："有经验的渔民就是这样，常常利用鱼群发出的特殊的声音，分辨出种类和数量，才好追踪它们，一网打尽呀。"

声音在海水里的传播

在海水里，声音也能够像在空气里一样自由传播吗？

可以的！声音在水里的传播速度，每秒大约 1500 米，比在空气里还要快四五倍呢！有趣的是，声音在水里传播和在空气里不一样，不是"单声道"，而是"多声道"。

为什么这样说？

因为声音在水里传播，受到温度、盐度、压力的影响，产生反射和折射，使传播路线变得弯弯曲曲的，岂不像是"多声道"吗？

水里的声音非常清晰，潜水员在水下敲打沉船，发出来的声音有时候好像是打钟的沉重声响呢。

第14天
闪闪发光的海火

这是一个没有月光的夜晚，空中只散布着一些微光闪烁的小星星。天气非常闷热，窝在船舱里非常难受，孩子们都斜靠着舱板和舷边的栏杆，漫无目的地聊天打发时间。他们乘坐的帆船，尾随着一艘轮船慢慢航行，走得很慢很慢。前方的轮船虽然隔得很远，但是它激起的一阵阵尾浪还是摇晃着小小的帆船，好像摇篮似的东摇西晃，使人觉得很不舒服。

王洋瞥了一眼远方的轮船暗影，叹了一口气说："唉，这个夜晚实在太乏味了，不知道怎么才能挨过去。"

茅妹也抱怨说："海上的风景实在太单调，哪有陆地上丰富多彩。"

阿颖接着发牢骚："是啊，难道今天晚上我们只能跟着前面那艘轮船，只能瞧着它的影子打发时间吗？"

几个孩子你一言、我一语正说着，站在船头的蓬蓬忽然高兴地叫喊起来："瞧呀！海上在放焰火呢。"

海上放焰火，这是真的吗？蓬蓬的话有些靠不住，莫非又在讲什么稀奇古怪的童话故事？

大家忍不住朝他指的方向抬头一看，立刻惊奇得张大了嘴巴。

蓬蓬没有骗人，想不到在前方不远的海面上，果真出现了一幅亮光闪闪的奇景。

看呀！原本暗淡无光的海面上一下子闪烁着点点亮光，把枯燥乏味的海面点缀得无比神奇、无比漂亮。

瞧啊，一条鱼儿哗啦一声跳出水面，身上也闪烁着一圈神秘的光环，好像是一个自己会发光的小妖精。

这是什么亮光？为什么突然一下子就闪亮了？

再仔细一看，更加神奇了。只见海上的亮光排成一个巨大的风车形，随着波浪起伏，不停地时明时暗缓缓转动着，把大海装点得非常美丽。

一个孩子瞎胡猜："该不会是海底石油燃烧吧？"

另一个孩子猜："会不会是天上星星的反光？"

第三个孩子说："没准儿是外星人干的，在水下藏着一个发光的大风车。"

蓬蓬说："这就是海龙王放焰火，今天准是他的生日。"

他们谁说得对？

站在背后的陈老师说："你们都说错了，这是'海火'，是一种'生物光'。"

啊，"海火"！啊，"生物光"！孩子们听也没有听过这些新鲜名词，不知道这是什么东西。

陈老师解释说："许多浮游生物都会发光，'海火'就是它们造成的。"

王洋问："哪些浮游生物能够发光？"

陈老师说："这可多啦，一下子说也说不完。最主要的是鞭毛虫、夜光虫。"

茅妹问："鞭毛虫为什么会发光？"

陈老师说："它是一种既有动物特性，也有植物特性的单细胞生物，能够把自己的光合作用转化为光能。当氧气和一种荧光素的物质互相化合的时候，就可以产生一丁点儿微弱的亮光。"

王洋问："为什么海上起初没有'海火'，后来一下子就亮起来了？"

陈老师说："这些小小的浮游生物发出的微光，平时不容易觉察，一旦受到外界刺激，就会表现出来了。"

王洋再问："什么情况才算外界刺激？"

陈老师告诉他："海上刮起风浪，大型动物跳出水面，轮船的螺旋桨搅动，都会造成'海火'现象。"

望着前面的那艘轮船的黑影，孩子们一下子明白了。噢，原来就是它搅起波浪，造成了眼前奇异的"海火"呀！瞧着眼前的"海火"，王洋不明白，又问："只有热带海洋上才有'海火'吗？"

"也不全都是这样，"陈老师说，"在寒冷的北冰洋上，破冰船压碎冰块的时候，有人也见过同样的'海火'现象。"

王洋刨根问底地问："那是冰块发光吗？"

"不，"陈老师说，"这也同样是浮游生物发光。这些浮游生物原本藏在冰层下面。冰被压开了，它们受到刺激就发光了。"

茅妹问："'海火'有什么实际意义？"

陈老师说："它不仅是观赏的对象，还可以帮助寻找鱼群，能够提醒人们注意暗礁、沙洲、浅滩和冰山，还能暴露敌人的舰艇和鱼雷，用途真不少呢。"

蓬蓬最后问："'海火'可以点燃吗？"

"噢，这可不行，"陈老师解释说，"'海火'是一种冷光，不能点火燃烧的。"

八代海"不知火"的疑谜

这是一个真实的故事，发生在公元1世纪的日本。

据说，有一次日本的景行天皇乘船出海，天色已经晚了，海上一片漆黑。他抬头一看，忽然瞧见远远的海上显现出一团团亮光，问身边的臣子，这是怎么一回事？

臣子告诉他："那是火之国的八代郡火村，没准儿是村里的人家点的灯火吧。"

景行天皇仔细看了又看说："这些亮光是在水上，不像是陆地上的灯光呀。"

臣子搔着脑袋说不出话来了，只好老老实实回答："谁也不知道这是怎么一回事。因为这儿老是有这种奇怪现象，所以大家就把它叫作'不知火'，把这里叫作火村，也叫作火之国了。"

景行天皇看了又看，摇头赞叹道："大海太神奇了，真是不可思议。"

八代海上的"不知火"到底是怎么一回事？

当地人说，在这种海上怪火，每年7、8月份都会出现，老是远远的，谁也别想划船赶上它，因此被当作是海神爷显灵。

为了解破这个疑谜，1894年有人想，这是不是夜光虫引起的？找了很久，也没有找到想象中的夜光虫。

20世纪40年代以后，有人使用许多现代化的手段进行研究，特别是在不同的地点进行摄影对比观察，证实了这不是真正的"火"，并推测是一种海市蜃楼式的折射现象。是否真是这样呢？也还没有完全弄清楚。

第15天
血红的海水

王洋和茅妹带着蓬蓬站在海边，望着面前无边无际的大海，感觉到有些什么不对劲儿。

啊呀！这是怎么一回事？蔚蓝色的大海，一下子变成红色了。

朝霞和晚霞可以映红大地和海水。海上石油和船只起火，可以映红海水。水上和水底火山爆发，也可以映红海水。可是现在海上非常平静，压根儿就没有火山爆发啊。

这也不是、那也不是，到底出了什么事情？

剩下的原因，似乎就只有孩子们本身了。

王洋使劲拭了一下眼睛，怀疑自己是不是看错了。

茅妹也使劲拭了一下眼睛，怀疑自己是不是看花了眼。

王洋问茅妹："你看见了什么？"

茅妹说："今天的海水好像有些不对劲儿。"

她刚说了这句话，立刻又觉得有些不对，紧接着问王洋："你呢？你也看见了什么？"

王洋看着翻翻滚滚的大海，呆呆地说："我也觉得有些不对劲儿，不知道什么地方出了毛病。"

他们你一言、我一语，说了老半天，谁也没有把海上到底有什么不对劲儿说出口。

王洋想，海水不应该是这个样子的，是不是我的眼睛出了毛病？

茅妹也想："这是怎么一回事，莫非我患了色盲吗？"

他们全都闷住不说，海上到底发生了什么事情？

可别冤枉他们，他们不是不想说，而是觉得今天海上的情况实在太奇怪了，才没有一下子说出来。

其实，嘴巴痒得要命，只是不敢说。怕一下子说出来，没法收回去呀。

俗话说：童言无忌。站在旁边的蓬蓬才不管三七二十一呢，张开嘴巴就说："看呀！海水变成红的了。"

这句话，正是王洋和茅妹都想说，却没有说出来的。

听见蓬蓬这样一说，王洋这才开口道："是呀，我也瞧见是这个样子。"

蓬蓬和王洋都说了，茅妹也赶快把闷在肚皮里面的话统统倒出来。仿佛稍微慢一点，她就输了似的。

她急匆匆地说："海水应该是蓝的，为什么变成了红殷殷的？"

王洋也赶忙说："我早就看见了，还以为自己看花了眼睛呢。"

蓝色的海水，怎么会一下子变成了红色？

王洋望着茅妹、茅妹望着王洋，谁也说不出一点道道。

最后还是蓬蓬说："准是谁用水彩画的。"

哼，这不是童话，谁也不信他的话。

蓬蓬瞧见他们不信自己的话，又说："是不是许多鱼儿划破了肚皮，流出来的血把海水变红了？"

茅妹想，这话似乎有一些道理。古时候的小说里，常常说"血流成河"，大概就是这个意思吧？

可是王洋却不同意。他反问道："如果真是这回事，这句话下面还有一句'尸骨堆山'。死了的鱼儿的尸骨又在什么地方呢？"

他们想来想去，实在想不出来了。王洋提议说："赶快回去报告大

家吧，让大家来看有什么说法。"

说得对，海边出了这样大的事情，不报告可不行。三个孩子连忙回头就跑，上气不接下气，一直跑回停船的地方，一五一十讲给大家听。

茅妹说："可不得了啦，海水变成红的了。"

王洋说："不知道是不是海上发生了一场大屠杀。"

蓬蓬也挤上来抢着说："准是水彩颜料，要不就是红油漆把大海染红的。"

他们七嘴八舌说着，小伙伴们全都听得入神了。卢小波问他们："这是真的吗？"

王洋起誓说："这是真的，我们全都看见了这回事。"

茅妹也辩解说："真有这回事呢，我们简直不相信自己的眼睛了。"

蓬蓬急得满面通红，叫嚷道："骗人是小狗！不信，你们自己去看呀！"

小伙伴们瞧见他们说得这样认真，才有些相信了。

卢小波说："这真是天方夜谭的神话，不看一眼，谁也不会相信。"

孩子们正吵吵闹闹的，老万大叔从甲板那边慢慢踱了过来，听了他们的争论，微微一笑说："我以为出了什么事情，原来是这么一回事。"

孩子们听见他的话里有话，连忙恳请他带着大家一起去看一下。这时候，陈老师正好带领另一拨孩子出去了，他当然应该担负起给孩子们答疑讲解的责任，非常爽快就答应了。

一伙人风风火火赶到那儿一看，孩子们都惊呆了。伸手一摸，海水带着一些黏性，还发出一股股腥臭的气味，和平常的海水不一样。

老万大叔皱着眉头说："这是讨厌的赤潮。遇着它，没有好事情。"

赤潮又叫红潮、有害藻类、厄水、浮游生物"开花"，或者干脆就叫作臭水。

赤潮是怎么一回事？是红色的潮水吗？

老万大叔说："不是的，这是海水里的小小浮游生物作的怪。"

浮游生物怎么会把海水变红？

老万大叔解释说："这是它们突然大量繁殖的结果。"

他耐心解说了一阵，孩子们才慢慢听懂。原来这是由于海上的一种鞭毛虫突然增加，把海水染红的。

茅妹问："赤潮发展有多快？"

老万大叔说："赤潮发展，就是海水里的浮游生物迅速繁殖。有人统计过，在赤潮发展的时候，1立升海水里面，含有上亿个鞭毛虫，密度真大啊。"

这种鞭毛虫为什么会一下子迅速繁殖？和海洋污染有关系。由于海洋污染，增添了大量适合浮游生物生长的营养物质，鞭毛虫就会飞快繁殖起来，很快就染红了整个大海。

蓬蓬兴冲冲地说："大海变成红的，才好看呢。"

老万大叔摇头说："赤潮可不是好事情，是海上的灾害，没有什么好看的。"

王洋不明白地问："为什么说，这是一场灾害？"

老万大叔说："赤潮的害处，扳着手指一下子说不完，你们仔细听着吧。"

赤潮泛滥可以堵住鱼儿和贝类的呼吸器官，使它们窒息死亡。大量死鱼死虾腐烂了，会消耗大量溶解氧，造成海水严重缺氧；还能够分解出许多毒素，毒害别的海洋动物，造成一场名副其实的灾难。较轻的也会驱散鱼群，推迟鱼汛，影响渔业生产。

老万大叔见孩子们还有些半信半疑，顺手抄写了几条赤潮灾害结果，给他们看：

1947年，美国佛罗里达海岸附近发生赤潮，引起5000万条鱼死亡。

1971年，这里又发生赤潮，持续了20天，使渔业减产2万多吨。

1972 年，日本发生赤潮，1400 万条鱼死亡，损失将近 30 亿日元。

1977 年，天津大沽口附近发生赤潮，持续 20 多天，560 平方千米内的海面中，大量死鱼漂浮其上。

1987 年，浙江省发生赤潮，人工养殖的鲍鱼全部死亡。

1989 年，河北省滦河县出现赤潮，使海蜇完全绝迹。

1993 年，全国性对虾大面积死亡，也和赤潮有关系。

赤潮还能对人体造成危害。1986 年 12 月 1 日，福建省东山县杏陈乡发生一次由于赤潮引起的食物中毒事件。全村 136 人由于食用赤潮污染的花蛤中毒，1 人死亡。

够了，这样多的例子，难道还不能说明赤潮的危害性吗？

王洋问："赤潮灾害这样大，有办法治理吗？"

老万大叔说："有的，首先应该注意防止水质污染，还可以使用化学方法消灭赤潮生物，用超声波和海面回收法治理赤潮。"

五花八门的赤潮

赤潮都是红的吗？

才不是呢。不同的浮游生物大量聚集，可以使海水变成各种各样的颜色。

夜光虫引起的赤潮是粉红色或深红色。

腰鞭毛虫、硅藻引起的赤潮是褐色。

涡鞭毛藻、绿鞭毛藻引起的赤潮是绿色。

其他浮游生物引起的赤潮，还有黄色、白色和无色。因为红色的赤潮比较多，所以就统一叫作赤潮了。

第16天
欺骗了哥伦布的海上"草原"

孩子们乘坐的帆船在海上继续往前漂流，越漂越远，不知道漂流到了什么地方。放眼一看，四周都是茫茫大海，看不见一丁点儿陆地的影子。离开陆地久了，大家都不由有一些想念起来了。

王洋和茅妹带着蓬蓬，懒洋洋地半躺在甲板上，借助头顶的风帆挡住火辣辣的太阳。瞧着眼前无边无垠的海上单调景色，觉得真腻味极了。

茅妹嘟囔道："老万大叔要把我们带到哪儿去呀？为什么还没有看见一片陆地？"

王洋安慰她说："别急，再大的海洋也有边，没准儿咱们明天就会登上一座青枝绿叶的小岛了。"

茅妹充满了幻想："如果我们踏上一座岛，我一定要躺在草地上美美地睡一觉，仔细嗅闻一下泥土的芳香，好好享受一下陆地上面的乐趣。"

是啊，人是陆地动物，在陆地上生活惯了。整天在摇晃不定的船甲板上过日子，一天感到新鲜，两天觉得平常，三天就会厌倦了，哪有踩着坚实的土地心里踏实？

茅妹好像失落了什么宝贵的东西似的，禁不住叹了一口气说："唉，陆地呀，我多么想念你哟。"

正说着，眼睛尖的蓬蓬就手指着海上喊道："瞧，那儿有一根草。"

茅妹和王洋抬头一看，可不是吗，果真是一根随波漂流的草呢。

这儿是大洋中心，哪来的草？

王洋分析道："这里必定距离陆地不远了。"

话还没有说完，船头就有小伙伴喊叫起来了。

那是阿颖和徐东，他们欢声呼唤着："看呀！前面有一片草地。"

海上哪有什么草地？从逻辑推论，有草地的地方，当然就是一个小岛。这就是大家盼望已久的陆地呀。

"啊！陆地。"

"一定是一座小岛。"

"没准儿是一个大陆的角落呢。"

"……"

小伙伴们七嘴八舌议论着，兴奋得像过年似的。

王洋和茅妹也一骨碌从甲板上蹦起来，像百米冲刺似的跑到船头，挤进伙伴们中间，探头探脑朝着前面看。

阿颖指着远方说："就在那儿呀，你们看见了吗？"

徐东也拍着胸口，神气活现地对大家说："我敢打赌，那一定是陆地。"

由于距离还有些遥远，加上船在波浪上面晃里晃荡的，只能看见一片水上黑乎乎的，一下子没法看清楚到底是什么东西。

王洋猜："海上哪来的这个玩意儿，是不是一个小岛？"

茅妹眯着眼睛仔细看了，也点头说："是呀！真的像是一座小岛呢。"

他们看见的那个奇怪的地方，到底是什么样子？

远方水平线上似乎有一片黑影。这绝不是海水，海水不是这个样子的。

这个奇怪的黑影很低很平，很像是一小片和水面平齐的陆地。

真是这样吗？真的是一片陆地么？

阿颖说：“绝对是陆地。请相信我的眼睛，绝不会看错的。”

徐东也帮腔说：“当然是陆地啊。水里漂来的这些水草，就可以作为证明。”

他们说得有些道理。第一，大家都看见了远处那一片黑乎乎的影子。第二，也瞧见了随波漂来越来越多的水草。任何海洋探险家面对这两个证据，都会立刻做出前方有陆地的设想。

可是卢小波看了一下，却对大家说：“别性急，走得近些，看清楚了再下最后的结论吧。”

近了，近了，已经可以看得更加清楚了。前方那一片黑乎乎的阴影，肯定不是常见的海水。

近了，更近了，越看越清楚了。现在不用借助望远镜，也能够看见那儿有许多暗色的草。先前看见的水草，必定就是从那里漂流来的。

随着越来越近，越看越清楚，孩子们全都激动起来，一致认定那就是生长着青草的小岛。

王洋说："这是我们发现的，让我们给它取一个名字好吗？"

阿颖说："好的，就叫草岛吧。"

罗冰说："叫草岛，不如叫草洲，更加符合它的地形特点。"

到底叫草岛，还是草洲？孩子们互相争论不决，请陈老师评判。

陈老师微微一笑说："先别忙着取名字，开过去真正看清楚了再说吧。"

老万大叔站在旁边，也露着神秘的微笑，挥手让宋跃和吴飞驾驶着帆船慢慢驶近了前面那片"草岛"，或者"草洲"。

到了跟前，孩子们定睛一看，不由大吃一惊，只见船边到处都是漂浮的水草，哪有陆地的影子呀！这是怎么一回事？难道有一个魔法师施起了妖术，一眨眼就把一座长满了青草的小岛，变成了漂满水草的大海？

哈哈！哈哈！老万大叔和宋跃、吴飞都笑了，告诉孩子们："这里就是马尾藻海呀！难道你们没有听说过吗？"

啊，大名鼎鼎的马尾藻海，孩子们早就听说了。从前它在这儿迷惑了哥伦布，想不到今天他们自己也被迷住了。

话说到最后，王洋猛地想起一个问题，水上成团成片的马尾藻，会不会缠住尾舵，使船没法前进？

"放心吧，"老万大叔说，"每年有无数大大小小的船只经过这里，也没有发生过这样的事情。"

迷住了哥伦布眼睛的海上"草原"

公元 1492 年 8 月，哥伦布率领了三艘帆船驶进大西洋，想从西边去发现印度。

印度明明在东方，怎么反其道而行之，从西方去寻找呢？人们都认为他犯了常识性的错误。加上海上风浪越来越大，许多水手都失去了信心，开始抱怨起来，主张立刻拨转船头回家，别在海上冒生命危险。

说实在的，哥伦布本人也没有太大的把握，只是硬着头皮往前闯，希望能够出现奇迹。

9 月 16 日，奇迹出现了。值班水手忽然发现海上有草漂来，不由兴奋得大声喊叫，向哥伦布报告。船边水上的草越来越多，好像船行驶在茫茫无边的草原上。水手们再也不抱怨了，以为已经驶近了陆地，目的地就在前方不远的地方。

哥伦布也被这个奇异的现象迷惑住了，下令测量水深，以免船在"水草地"上搁浅。想不到接连测量了好几次，系着长长测绳的铅锤也够不着海底，这里的海水深极了。咦，这是怎么一回事？

原来是大海和他们开了一个大玩笑。水上漂浮的草没有生根，而是随着波浪漂来漂去。这里压根儿就不是什么草地，而是一片漂浮着大量海藻的海水。

这是什么地方？为什么有许多海藻聚积？

这些漂浮在海上的海藻是马尾藻，大约有 450 平方千米的面积。因为这里位于墨西哥湾流的旁边，是一个巨大的海上漩涡，水流非常平缓，就聚积了许多马尾藻，成为这个奇特的马尾藻海了。

第17天
露在水上的陆地

帆船在海上漂流了一天又一天，时间慢慢过去，不知不觉已经过了半个月。举目一看，海天茫茫，一眼望不见边。孩子们起初的冲动渐渐消失了，不知怎么一回事，忽然有些想念起陆地了。

望着无边无垠的大海，王洋深深叹了一口气说："唉，老是在海上漂也不是滋味，要是还能够看见一片陆地也好。"

茅妹也说："是啊，陆地上面有山有水，风景千变万化。海上除了波浪，还是波浪，真乏味呀。"

唉……孩子们没精打采地坐在甲板上，好像泄了气的皮球，都像王洋和茅妹一样，对眼前单调的大海景色觉得没趣。

大海啊，你到底有多么宽广，航行有没有尽头？如果再这样老是没完没了地在水上漂，谁还提得起精神多看你一眼？

瞅着孩子们这副模样，手把着舵柄的老万大叔微微笑了，对他们说："你们也感到寂寞了吗？海上生活就是这样的。要想做一个合格的水手，必须学会忍耐才行。"

王洋抬头问他："还要忍耐多久，才能航行到尽头，能够看见陆地呢？"

老万大叔挺神秘地眨了一下眼睛说："别性急，海上的事情谁也说不清，没准儿你想的东西说来就来了。"

说着，他轻轻移动了一下手臂，谁也没有注意到他手上的一个小动作，更加没有留意船头微微转换了一个方向，朝着另一边飞快驶去了。

说也奇怪，过了一会儿，站在船头的阿颖和徐东忽然大声喊叫起来。

瞧呀，那是什么？

大家忙不迭转过身子一看，只见远远的海平线上露出一抹黑色的影子。忽隐忽现的，一会儿露出来、一会儿又沉下去，仿佛会被波浪吞没似的。

那是什么东西？

孩子们踮起脚尖看了又看，弄不明白是什么玩意儿。

茅妹使劲拭了一下眼睛，怀疑自己是不是看错了。

王洋怀疑地说："该不会是海市蜃楼吧？"

大家回过头望着老万大叔，想请他解答。他却不声不响，依旧闪烁着神秘的目光，不说一句话。只是紧紧握着舵柄，使帆船顺着一股风笔直朝着那儿驶去。

现在越来越近了，那个黑乎乎的东西终于渐渐显现出来，再也不会被海上起伏不停的波浪遮掩住了。

阿颖的眼睛特别尖，一下子看清楚了，忍不住喊叫道："陆地！"

大家连忙一看，真的是一片陆地呢。它动也不动地耸立在水上，特别引人注目。

这是什么地方？

王洋猜："是不是澳洲大陆？"

茅妹猜："咱们是不是漂过了太平洋，莫不是美国吧？"

不管是澳洲大陆，还是美国，反正都是一片大陆。孩子们兴奋得手舞足蹈，好像是发现新大陆的哥伦布。

卢小波请求老万大叔："赶快开过去吧，我们想看清楚到底是什么地方。"

老万大叔没有说话，却轻轻转动了一下舵柄，把船头对着那片陆地的侧面绕过去。围绕着它兜了一个圈子，回到原来的地方。孩子们这才看清楚了，原来它压根儿就不是一片辽阔无边的大陆，而是一座不大不小的岛屿。

往下就不用多说了。老万大叔指挥着宋跃和吴飞收起船帆，慢慢停靠过去，让这些在海上憋得发慌的孩子们一窝蜂跳上岸，在这座岛上登陆，好好休息一下。

孩子们全都非常兴奋，才不想休息呢。立刻就分散开，分成几组直朝岛上的腹地奔去，想把这个岩石嶙峋的岛屿一下子就调查清楚。

太阳快要沉下海平面的时候，孩子们一组组回来了，纷纷争着报告自己的见闻。

阿颖、徐东和蓓蓓一组抢着首先汇报。蓬蓬离不开姐姐，也跟在他们的后面。

阿颖说："我们走了很远，发现了一条小河，还有一些池塘。"

徐东说："我在河里抓住一条小鲫鱼。"

莉莉说："河水清亮亮的。我喝了一口，甜滋滋的，是淡水。"

蓬蓬笑嘻嘻地说："池塘里面有一群青蛙，张开大嘴巴，坐在荷叶上面唱歌，呱呱、呱呱乱叫，好像比谁的嗓门都大。"

第二组是莉莉、茅妹、郑光伟。

茅妹说："我们翻过了好几道山。"

莉莉说："这些小山排列得非常整齐，好像是一条条山脉似的。"

郑光伟掏出几块在山上取来的岩石标本，摊开给大家看。其中有普通的砂岩、页岩，也有坚硬的花岗岩和石英岩。

茅妹补充说："这里还有石灰岩形成的溶洞呢。里面有非常好看的石钟乳和石笋，和我从前在桂林的七星岩以及芦笛岩溶洞里看见的一模一样。"

莉莉再补充说："山上的岩层……"

最后汇报的是卢小波、王洋、罗冰一组。

王洋说："我们爬到岛上最高的山峰，朝四面一看，除了海边有一小片平原，到处都是起伏不平的丘陵和山冈。"

卢小波说："莉莉说得对，这些山冈全都顺着同一个方向排列，的确像是受着同样的地质构造控制的东西。"

罗冰补充说："我们看得很远，看见附近不远的海上，还有几座小岛，也顺着同样的方向排列着。"

够了，根据这些汇报的材料，已经可以归纳出总的印象了。大家说来说去，共同得出了几点结论：

1. 这里有一个群岛。

2. 以眼前这座岛来看，不像是一般的海岛，非常像孩子们见惯了的陆地。

陆地怎么会变成了海岛？

咦，这是怎么一回事？

王洋大胆猜测道："连同这座岛在内，这个群岛是不是沉没在海里的陆地？"

陈老师点头称赞说："你说对了。这种岛屿的出身和大陆一模一样，就是沉没的大陆的一部分，叫作大陆岛。"

科学知识卡

大陆和岛屿

　　岛屿一般是指四面被水包围、高于海平面的一小块陆地，而大陆则是大片的陆地。

　　严格来说，大陆和岛屿并没有本质的区别，我们习惯把面积较大的陆地叫作大陆，把面积较小的陆地叫作岛屿。习惯上把格陵兰岛定为最大的岛屿，澳大利亚大陆定为最小的大陆。也就是说，大于澳大利亚大陆的就叫大陆，小于格陵兰岛的就叫岛屿。

第18天
海老人的"雕像"

孩子们爱上了这座小岛，舍不得一下子离开。

为什么舍不得离开它？

因为这儿的海边非常好玩，比除了海水还是满眼的海水、枯燥的大海生活有趣得多。好不容易来到这里，谁舍得马上就走呢？

这儿有什么好玩的？

请抬起头好好看一下吧。

眼前是一道奇形怪状的岩石海岸。

为什么说是"奇形怪状"？只有亲眼瞧见才能深深体会。

看呀，这里的一切都是坚硬的岩石构成的。近处，是一道道陡峭的崖壁，被波涛拍打得嘭嘭响；远处，也是一道道陡峭的崖壁，同样被波涛拍打得嘭嘭响。崖壁下面堆满了崩落下来的破碎石块，大大小小的，到处起伏不平，在这儿捉迷藏才好呢。

王洋和茅妹玩得最起劲，不等伙伴们一起动身，就自顾自拔起脚步，顺着崖壁下面的乱石滩一溜烟跑了。一脑袋钻了进去，转眼就无踪无影。

茅妹悄悄对王洋说："咱们自己去玩吧，在这儿准能发现'新大陆'。"

"好的！"王洋也兴冲冲应承道，"反正现在不会开船，也不会撇下我们，为什么不先去探险，把这条岩石海岸的秘密统统弄清楚呢？"

说得对，踏上这座无名的小岛，不首先把它的秘密弄清楚，还算什么小小探险家？

是呀，这儿藏龙卧虎的，说不准会发现什么新奇的玩意儿呢。

两个孩子没有跑多远，迎面就看见一堵陡峭的石壁，好像刀削似的，高高耸立在面前，挡住了去路。一阵阵波涛拍打在石壁上，发出震耳欲聋的声响，也好像是狂暴的大海发了疯，误把坚硬的岩石墙壁当成一面大鼓使劲捶打，发出惊天动地的嘭嘭响声。后面的潮水听见这个奇异的鼓声，就像千军万马似的冲扑上来，卷起了一片片白浪花，遮住了两个孩子的视线，让他们看不清前面到底还有什么东西。

不一会儿。潮水退落下去了，茅妹使劲拭干净水花迷住的眼睛往前一看，不禁惊奇地喊叫起来："看呀！那儿有一个岩洞。"

王洋顺着她指点的方向看去，真的瞧见崖壁下面有一个黑黢黢的洞穴。刚才由于被上涨的潮水挡住了，才没有显露出来。

这儿怎么会有一个洞？茅妹感到有些纳闷，心里想："这会不会是一个和桂林的七星岩、芦笛岩一样的溶洞？"

王洋一时也想不通。管它的，先去看一下吧。

两个孩子连忙踩着崖壁下面的乱石滩，深一脚、浅一脚赶过去钻进洞里察看。

这个洞不深，大约只有十来米长。形状也很简单，直筒筒又扁又宽，没有转折，也没有高低起伏。茅妹仔细东张西望，一根美丽的石钟乳也没有找到，心里非常失望。

"噢，这不是溶洞呀！"她长长叹了一口气说。

王洋仔细看了一下洞壁，告诉她："这是花岗岩，不是石灰岩，怎么会有石钟乳呢？"

再仔细一看，洞里堆了许多破碎的石块，几乎铺满了一地。

这些石块是从哪儿来的？

从岩性来看，几乎全都是同样的花岗岩。

茅妹说："看样子，这是从洞顶和洞壁上崩落下来的。"

王洋拾起一块来看了一下说："可能不完全是崩落下来的啊。你看，它们的棱角还有磨圆的痕迹呢！"

谁把这些石块磨圆的？

王洋一下子明白了，对茅妹说："就是海边的潮水呀！"

他猜对了，正是一股股潮水冲上来，把这些石块冲进洞里，才在它们的棱角上留下了磨圆的痕迹。

这个洞是怎么生成的呢？

不消说，也是一股股潮水冲刷形成的。

茅妹问王洋："这不是溶洞，应该叫作什么洞呢？"

王洋想了一下说："就叫它海蚀洞吧。"

问题就这样简单完了吗？

不，两个孩子钻出洞，又看见另一幅景象。想不到这儿不仅有这一个洞，顺着崖壁下面，还一字排开好几个洞呢。

王洋看了说："这就更加表明它们是波浪冲刷形成的了。它们分布在同一个水平线上，岂不是说明了都是同样的波浪冲刷形成的吗？"

茅妹抬起头来再一看，在这个海蚀洞的洞口上面，还整整齐齐排列着两排洞窟。

她有些不明白。这是怎么一回事，难道波浪会冲得那样高？

王洋皱着眉毛想了一下，猛地一拍脑瓜说："我明白啦！那准是从前的波涛冲刷形成的。由于海岸上升，就把它们抬升到那样高的位置。"

茅妹也一下子豁然贯通，兴奋地说："这些有几排海蚀洞，是不是就可以证明这儿的地壳上升了几次？"

"当然啰！"王洋说，"看样子，事情就是这么一回事。"

他们还看见了什么？

拐过这道崖壁，他们又看见一幅惊心动魄的景观。

一道长长的岬角伸进大海中间，好像是一条通往海心的道路，不知什么原因，突然中断了；也像是一个岩石构筑的跳板，勇敢的跳水运动员踏着它就可以扑通一下跳下水。

噢，不，这儿才不能跳水呢。茅妹瞧见岬角前面卷起一排排大浪，浪头比别处更高，更加汹涌澎湃。

王洋跑到岬角尖端上，感到海风也更加猛烈，吹乱了他的头发，几乎站不稳身子。他一不小心，手里的几张纸就被风一下子卷走了，飘飘扬扬的，飞进了天空，打几个旋儿又落下来，很快就落入面前的海里，被一个大浪打下去，转眼就消失了踪影。

听啊，风声伴着涛声，发出雷霆般的狂呼乱叫。

看呀，海上的波涛汹涌起伏。每一个浪头都像是一匹野马，成群结队飞驰过去，组成一幅难得一见的怒海景观。

茅妹有些不明白，为什么这儿的风特别大，波浪特别汹涌？

王洋想起来，他曾经跟着爸爸到山东半岛最东边的成山角去过。那儿的风浪特别大，他亲眼瞧见过一只只小小的渔船在风浪里颠簸晃荡，真危险极了。成山角也是一个伸进大海里的岬角，和眼前这个岬角的情况一模一样。

为什么岬角附近的风浪特别大？

不消多说也明白了。伸进海心的岬角挡住了风、也挡住了浪，绕过它就是开阔的海面。岬角正好处在风口和浪口的位置，风浪当然就特别大啊。

站在这个岬角尖端，还看见一个海上奇观。

瞧呀！在距离岬角尖端不远的地方，水上高高耸起一座石头天生桥，一股股湍急的水流从桥下涌流过去。一时不能全部涌过去的水流，就在桥根面前形成一个巨大的涡流，发出哗哗不息的声响。

不，这更加像是一座古典的拱门。一群群雪白的海鸥好像比赛飞行技巧似的，也顺着劲吹的海风，紧紧贴着波浪，亮出了非常优美的姿态，十分潇洒地穿过去，然后拍着翅膀飞着叫着提升了高度，在海上远远绕一个圈子，又重新成群结队俯冲下来，不知疲倦地玩着这个穿拱门的游戏。

再一看，这座石头天生桥的旁边，还有几根孤零零的石柱，也任随浪涛拍打，一动不动矗立在海上，显示出坚毅的精神。

海上的天生桥是怎么生成的？

矗立在海上的石柱是怎么生成的？

风在吼、浪在咆哮，茅妹被这幅显现在狂暴的风口浪尖里的海上奇观震慑住了，一时嚅嚅嗫嗫说不出话，好半晌才像清醒过来似的，半对自己、半对身边的王洋轻声说："这是不是一座沉没进海里的古代神庙？被波浪冲毁了，只留下一座拱门、几根石柱和一个石头神像？"

哪儿有神像？王洋顺着她手指的方向看去，真的瞧见海心里有一个奇怪的礁石，活像是一个老人的半身雕像。越看越像，联系着周围的一切景象，真的像是一个神秘的神像呢。

王洋也一下子怔住了，不知道是真是假，不知应该怎么回答。

他们正在发愣，身边忽然响起了一个声音。

"不，这不是古代文明遗迹，是一种自然生成的现象。"

这是陈老师和别的小伙伴们，不知道什么时候悄悄走到他们的背后，他们还没有觉察呢。

陈老师手指着海上的天生桥和石柱，对他们，也对所有的孩子们说："这都是波浪冲蚀形成的，叫作海蚀天生桥和海蚀柱。"

不知谁问："那个石头神像呢？难道也是海蚀的吗？"

"是的，"陈老师说，"这也是一个海蚀柱，只不过形状有些特殊罢了。"

岬角的波浪动能

岬角的波浪动能有多大？请看一个例子吧。

在美国太平洋沿岸的一个岬角附近，有一次波浪把一块60千克重的岩石，抛到高约28米的灯塔上，把守灯塔的人吓了一大跳。

请你试一下，能不能够把一块小石子抛到同样的高度，就可以明白那儿的波浪动能有多大了。

岩石海岸的类型

利亚斯式海岸：岸边山地走向和海岸垂直，海水浸进山谷，形成一条条垂直海岸的"水巷"似的港湾。

达尔马提亚式海岸：岸边山地走向和海岸平行，岸线平直，却有一些从侧面伸进陆地的港湾。

野柳海岸公园的"女王头"

中国台湾东北角的野柳海岸有一个远近闻名的海岸公园。这里以奇异的海蚀柱景观而著名，是一个特殊的海滨游览胜地。海边的岩石滩上密密麻麻地耸立着数不清的乌黑色的石头。其中最有名的就是"女王头"。

看啊，一个又细又长的脖子上面，托着一个大脑袋：有鼻子、有眼睛，头顶上盘着高高的发髻，高傲地翘着下巴，仰望着天空和面前的大海，活像是一个古代的女王。难怪人们要给它取这个名字，叫作"女王头"。

瞧着这个活灵活现的"雕像"，人们不由会问：这是什么时代留下来的"文物"？形象这样逼真，准是一位了不起的艺术家的手笔。

不，这不是人间的艺术品，是大自然老人的杰作。这是一块普通的砂岩，在上面含有钙质成分，所以微微有些发黑，也比较坚硬些；下面是黄

色，没有钙质胶结，岩性比较疏松。它是波浪冲蚀的产物。这里面对广阔的太平洋，时常掀起大风浪，还有一种突然发生的"疯狗浪"，来势非常凶猛，可以一下子就把许多人卷走，所以在地上用红漆画着一条红色警告线，禁止游客越过，以免造成危险。

一阵阵冲扑上岸的凶猛波浪，挟带着许多大大小小的石子，猛烈磨蚀着石柱。柱子下面的砂岩没有钙质胶结，本来就很疏松，很容易被磨蚀变细，形成一根细长的脖子。上部钙质胶结部分相对坚硬，不容易磨蚀，就成为一个大脑袋了。

这种脑袋大、脖子细的天然石雕，叫作石蘑菇。这里还有许多千奇百怪的石蘑菇，构成不同的造型。人们凭着想象，也为它们取了一些非常形象化的名字。

第19天
松软的沙滩

　　海边的沙滩软软的，一踩一个脚印。孩子们嚷着闹着跑过去，留下了一大串杂乱的脚印，分不清是男孩的，还是女孩的；分不清是孩子们的，还是跟在后面慢慢爬的小螃蟹的。

　　哗啦、哗啦……一阵阵潮水顺着又平又浅的沙滩涌了上来，浸湿了沙子，搅乱了沙滩的平静，好像擦黑板似的，把孩子们留下来的脚印连同一切印痕统统抹掉，让他们好重来一次。

　　啊，沙滩呀，洁白的沙滩，真的像是一个带着浓浓的盐水味儿，可以任随孩子们涂画的大黑板呀。

　　孩子们被潮水追赶着，又转过身子追赶潮水，在雪白的沙滩上玩了很久很久。玩着玩着，茅妹忽然想起一个问题。为什么沙滩总是藏在海湾里，是不是大海爷爷故意安排的？

　　蓬蓬说："准是这样的，大海爷爷把沙滩藏在海湾里，不让鲨鱼闯进来吓唬我们呀。"

　　"哈哈！"王洋嘲笑他们道，"这是天生的，和大海爷爷有什么关系？"

　　为什么沙滩天生会藏在海湾里面？

　　王洋猜："这准是和水流有关系吧。"

　　海上的水流和沙滩有什么关系？

　　王洋猜："必定是水流顺着海岸往前流，流到这儿的流速减小了，才沉积了一片片沙滩。"

　　沙滩都藏在海湾里面吗？

　　王洋说："也不是的，我在一条很平很直的海岸边，也见过一片雪白的沙滩。"

　　为什么平直的海岸边也有沙滩呢？

　　王洋猜："没准儿也和水流速度变化有关系。"

　　为什么伸进海里的岬角附近找不到沙滩？

　　王洋想也不想就说："准是那儿的流速太大，水里的沙子没法沉积下来吧。"

　　他说得对吗？

　　没有错啊，沿岸的海流总是夹带着大量沙子，在合适的地方就会沉积下来。什么地方最合适？当然和流速以及岸滨、水底的地形有关系。可以简单认为王洋说得都对，可是海边的水流和地形条件千变万化，也还有许多复杂的情况呀。

躺在沙滩上，瞧着海上一排排波浪冲扑过来，在距离岸边不远的地方翻卷成白色的浪花，发出哗哗的声响，真惬意极了。

看着看着，茅妹忽然冒出一个问题。为什么波浪总在离岸不远的地方翻卷开，是不是和那儿有什么特殊关系？

王洋说："我去看一下吧。"

茅妹不放心地阻挡他道："那里的水很急，别去吧。"

王洋大大咧咧地说："放心吧，我的水性很好，不会出问题的。"

他不顾茅妹阻拦，快步跑到水边，扎一个猛子就钻进了海水。不一会儿湿淋淋地从水里钻出来，抹掉脸上的咸海水告诉茅妹："那儿的水下似乎有一道堤。堤上的水浅，当然就会使波浪翻转过来了。"

茅妹一听，不由有些兴奋起来。水下的堤是怎么一回事？是不是古时候遗留下来的，是一个藏在水底的老古董？

"不是的，"王洋解释说，"这道堤全都是松散的沙子堆成的，是一道天生的水下沙堤。"

为什么会在这儿生成水下沙堤？

王洋猜："这一定也和泥沙搬运有关系。波浪顺着水底把泥沙冲到这里，没有冲上岸，就形成了水下沙堤。"

如果这些沙子冲上岸了呢？必定就会顺着岸边铺开，形成沙滩了呀。

他们在这儿玩够了，顺着海边往前走，不一会儿抬头瞧见离岸不远的地方，横卧着一道平行于岸线分布的天然堤坝。

这是怎么生成的？

茅妹想起了刚才的事情，觉得想必也和水下沙堤有关系吧。

"你说得对，"王洋说，"必定是水下沙堤越堆越高，露出了水面，就成为一道水上的沙堤了。"

再往前走，瞧见岸边伸出一道弯弯的沙嘴。

茅妹猜："这也是沿岸海流堆积的。"

　　她猜对了，沿岸海流不仅可以顺着岸线堆积沙滩和沙堤，在适当的条件下，还能够堆积这种一端连接海岸、一端伸进大海的沙嘴呢。

　　接着往前走，沙嘴越来越多了。有直的，也有弯的，还有多重弯曲和形态的沙嘴，形式各种各样，反映了不同条件下的沉积作用。

　　走啊走，看见海边有一个奇怪的小湖。

　　为什么说它很奇怪？因为它并不是真正的湖泊。

　　说它是湖，却有一个狭窄的口子和大海相通，趴下去喝一口水，咸得没法进口。说它是海，却又和外面的大海隔开，里面的水面非常平静，几乎不会受到汹涌的海上波涛的影响。

　　原来它和大海中间横卧着一道长长的沙堤，彼此藕断丝连，和平常的湖泊不一样。由于和海面几乎完全隔开，里面是半封闭的，也算不上是一个海湾。

　　这个湖泊不像湖泊、海湾不像海湾的水域，到底叫作什么？

　　王洋想起来了，这是海边的潟湖呀！走啊走，来到一个更加奇怪的地方。他们居然一下子闯进了一片沙漠。

　　这是真正的沙漠吗？

　　是呀，这儿密密聚集着一排排裸露的沙丘，和真正的沙漠风光一模一样。如果不看旁边的大海和内陆，谁不相信这是一片沙漠呢？

　　蓬蓬高兴了，坐在斜斜的沙丘坡上滑下来，身后扬起了一大片尘沙。一骨碌滑到坡底，在沙地上又跳又蹦，再顺势打一个滚，玩得非常开心。

　　茅妹感到非常奇怪，为什么海边也有这样巴掌大的一块沙漠？

　　王洋仔细想了一下说："这是海滨沙丘。必定是风把沙滩上的沙子吹起来，慢慢堆积形成的。"

高雄的旗津半岛

高雄是中国台湾的南方大港,人们都把它叫作"港都"。台湾的货物,多半是从这里进出口的。

为什么它能够成为有名的港口?和旗津半岛有关系。

听着旗津半岛这个名字,人们会把它当成是一个伸进大海的真正的半岛。不,其实它只是一条好几千米长的狭窄的沙堤,平行海岸分布,和人们常见的半岛压根儿就没有半点相像的地方。

旗津半岛背后是一个巨大的潟湖,来来往往的船只穿过潟湖口进进出出,造就了高雄港的天然形势。利用潟湖发展港口,世界上也少有呢。

旗津半岛是有名的海鲜集散地,海鲜餐馆一家挨一家。到了这儿不吃旗津海鲜,就是白来高雄了。

旗津半岛还是看海上日落的好地方,每天都有许多人在这儿欣赏这个海上奇景。许多白发苍苍的台湾老兵孤独地坐在海边,观看着红通通的落日,默默眺望海峡对岸的大陆故乡。

日本的鸟取沙漠

日本是海洋国家，也有沙漠吗？

有的！日本的沙漠在它的西海岸的鸟取。

这里面对波涛汹涌的日本海，起伏的沙丘绵延约有 16 千米。没有一棵植物、没有一滴水，黄色的沙丘和蓝色的大海形成鲜明的对比。如果在这儿拍一张照片，简直和撒哈拉大沙漠一模一样，谁会相信是在海边拍摄的呢？

别的国家有沙漠改造计划，巴不得一下子就把难看的沙漠改造成绿油油的良田。日本才不干呢！它好不容易得到这一小片天赐的沙漠，就在这里修建了游乐场所和宾馆，招揽了无数游客前来观光，真是物以稀为贵呀。

第 20 天
潮水吐出来的红树林

蓬蓬跟着茅妹跑回来，上气不接下气地说："我们看见一片树林被海水淹没了，准是出了什么事情。"

卢小波问他们："这是真的吗？"

茅妹说："当然是真的。我们亲眼看见的，还会有假吗？"

蓬蓬说："我看见那些树都泡在水里，只有脑袋在外面，真奇怪呀！"

他们说得一本正经，不由卢小波和伙伴们不相信。这是怎么一回事？大家觉得非常奇怪，连忙跟着他们跑到那个地方去看一下。

来到那儿一看，简直有些不相信自己的眼睛了。只见海水里露出一大片树林，密密布满了整个海湾。海水里浮起一片片绿色的树梢，树枝和树叶都在水波里荡漾着，随着波浪翻滚，好像风吹似的来回动荡。

再一看，树枝上站着一些鸟儿，水波里游着一些鱼儿，紧紧挨在一起，好像是相好的邻居似的，谁也不招惹谁，真有趣呀！这些树怎么会淹在水里？

茅妹猜："准是地壳下沉造成的。"

大家想，她说得似乎有一些道理。树林应该生长在地上，如今被海水浸泡着，不是地壳下沉的证据，还会是什么？

想到这儿，罗冰立刻端起相机，咔嚓咔嚓拍了几张照片，对伙伴们说："茅妹说得不错，这就是地壳下沉的最好的证据，拍了这些照片，带回去给别人看看。"

真的是地壳下沉么？

蓬蓬摇着脑袋说："不，这是海龙王宫殿里面的大树。下面准有一条龙，还有美丽的海底公主。"

哈哈！哈哈！谁也不信他讲的童话故事。

卢小波看了又看，提出疑问道："如果真的是地壳下沉，为什么除了这些泡在水里的树，瞧不见别的现象呢？"

莉莉也说："有些不像这呀。树泡在水里会死，为什么这些树长得这样好呢？"

是啊，大家仔细一看，这些树朝四面八方伸开宽大的树冠，树叶绿油油的，好像是一把把张开的遮太阳的绿伞，一片欣欣向荣的景象，哪像是泡进水就会死掉的平常的树木？

瞧见大家搔着脑袋想不通，蓬蓬连忙就说："嘻嘻，我说得不错吧。除了海龙王花园里的树，还会是别的吗？"

莉莉皱着眉头管住他说："我们在认真讨论，你别在这儿胡搅蛮缠。"

这也不是、那也不是，泡在水里的这片绿油油的树林还会是什么东西？大家想破脑袋，也想不出来了。

正在这个节骨眼儿上，和孩子们形影不离的陈老师不知道什么时候踱过来了，向大家解释说："这不是地壳下沉造成的，也不是海龙王的花园，是海边的红树林呀！"

红树林？

这是什么东西？树叶、树干都是绿的，为什么叫这个名字？

陈老师不慌不忙地说："红树林不是秋天的枫叶那样的红叶，而是因为它的木材是红的，才叫这个名字。"

茅妹不明白，问："不是地壳下沉，怎么会泡在水里呢？"

陈老师告诉她："红树林本来就长在海边的水里，和地壳下沉没有一丁点儿关系。"

一个问题明白了，另一个问题还是不明白。为什么别的地方没有红树林，只在这儿生长呢？

陈老师说："它和别的植物一样，都有特殊的生长条件呀！"

红树林有什么特殊的生长条件？

陈老师扳着手指告诉大家。

第一，它只生长在热带气候环境里。

第二，它只生长在海边的高低潮水带里。

第三，它只生长在海边的泥滩上。

第四，它只生长在盐渍土里。

瞧，它要求的生长条件多么严格，除了这样的生长环境，别的地方当然就不会有啦。

正说着，潮水退了，海水哗哗退落下去，露出一大片湿漉漉的泥滩。大家这才看清楚，原来红树林的树干很短很粗，像是一根根粗大的柱子。更加奇怪的是，几乎每棵树都有许多粗细不一的支柱根，共同支撑巨大的树冠。现在大家才看清楚了，这儿的红树林的面积虽然很大，树木却相对不算太多。

不算太多的树木，怎么会组成一大片红树林呢？

王洋发现了一个秘密，喊叫道："看呀，这些树好像是蘑菇呢！"

他为什么这样说？因为它们的树干和树冠的比例差别很大。有的树干直径只有十多厘米，上面的树冠却有十平方米左右，真的像是一个个头大脚细的蘑菇，也像是小小的孩子的脑袋上戴着一个大草帽，真奇怪啊！他问："为什么这些树的脑袋大，身子小？"

陈老师没有立刻回答，转过身子反问大家："你们自己好好想一下，这是什么原因？"

茅妹想也没有多想就说："脑袋大，好看呗。"

阿颖说："这是为了引起别人的注意。"

徐东说："这样可以浮在水上。"

莉莉说："这是它为了生存不得不这样办的。"

大家一听，她的话里有话，问她是什么意思？

莉莉这才解释说："它老是泡在水里，怎么过日子？把宽大的树冠露出来，就可以进行光合作用了。"

请问，他们谁说得对？

大家细细一想，不消说莉莉的说法是对的。

再一看，细心的蓓蓓又发现了一个有趣的现象。在这一大片红树林里，树木似乎不一样。有的高、有的矮，树叶和枝干也有差别，明摆着不是同样的树木，这是怎么一回事？

陈老师说："它们本来就不是一种树木呀！红树林，只不过是以红树为主，加上许多别的种类，共同组成的一个群落罢了。"

噢，原来是这样一回事，孩子们对神秘的红树林更加感兴趣了。

眼前的红树林里，有些什么树种？

真正的红树是什么样子？

陈老师指着其中一棵大树说："这是真正的红树。你们看吧，它有什么特点？"

大家仔细看，都想一眼就看出这棵红树到底有什么与众不同的地方。

王洋瞄了一眼，抢先说："它挂着许多拐棍呢。"

红树不是老爷爷，挂什么拐棍？

原来这是许多支柱根，密密麻麻的，有好几十根。

茅妹的眼睛很尖，也抢着说："它的脚上绑了几个大板子。"

蓬蓬好奇地问她："为什么它要在脚上绑几块板子？"

茅妹想了一下说："没准儿它害怕被潮水冲走吧。"

哈哈！哈哈！红树不是小毛孩子，压根儿就不知道害怕，也没有骨折，不会像骨折的伤者一样，把固定骨头的木头夹板牢牢绑在脚上。

陈老师说："这是它的板状根呀！是帮助它稳住身子的。"

卢小波看了一下，对大家说："你们看，它还有些吊挂在上面又细又长的东西，有什么用处？"

王洋说："莫不是刚从树枝上长出来，还来不及长到地面的支柱根吧？"

卢小波把它掰开一看，里面像海绵一样，有许多小洞洞，和支柱根完全不一样。

陈老师说："这是它的呼吸根，吊得高高的，不怕海水淹没，可以流通、储存空气。"

阿颖和徐东在红树下面东找西找，找到一些奇怪的小玩意儿，举起来给大家看，齐声说道："瞧呀，它的下面又细又尖，上面有几片叶子，好像飞镖一样。"

他们说得对。大家低头看，在软软的泥地上插着许多同样的东西，真的像是从树上扔下来的"飞镖"。蓬蓬顺手拾起一个，使劲一扔，"飞镖"嗖的一下就飞落到不远处的泥地上面，牢牢插进去了。

大家非常感兴趣，这是什么东西？

陈老师说："这是红树的孩子呀！"

红树的孩子，这是什么意思？

陈老师没有马上回答，挺神秘地眨了一下眼睛问孩子们："你们

猜，红树是怎么繁殖的？"

王洋大大咧咧地说："还不是和别的植物一样，开花结果，然后传播种子生根发芽？"

"不完全是这样，"陈老师说，"红树是胎生的，这就是它的胚胎发育以后，生成的'孩子'呀。"

红树不是动物，怎么能胎生呢？

原来它的果实成熟的时候，种子就在母树上的果实里萌芽，长出了小苗后，才连果实一起从母树上掉下来，插进泥滩扎根生长。只消几小时，就能够生根发芽了。

茅妹担心地问："如果落进水里，怎么办呢？"

陈老师说："这没有关系。因为它的果实胚胎里有气道，比海水轻，可以随波逐流被带到远处去生长。"

啊，想不到红树繁殖竟是这么一回事，孩子们不由惊奇得睁大了眼睛。

茅妹问："刚才有一个问题还没有说清楚，在红树林里除了它，还有什么别的植物？"

陈老师说："那可多啦。全世界的红树林里面的植物，总共有 23 科 81 种，包括海桑、木榄、角果木、木果莲、红茄冬、秋茄树、银叶树、老鼠簕等，有的属于红树科，有的是别的科的植物，数也数不清呢。"

陈老师指着眼前的红树林说："瞧吧，这儿就有一大片老鼠簕，它们的样子也很特别呢。"

老鼠簕有什么特别的？

大家细细一看，只见它们的个儿不高，紧紧挨靠在一起，下面长满了密密的支持根，在淤泥地里盘根错节，任凭风浪冲闯，也不会被冲倒。纵横交错的根，编织得像笼子似的。如果涨潮的时候，有一条大鱼闯进来，落潮时候来不及逃跑，准会被困在里面出不来。

陈老师问孩子们："你们看，像不像一个关鸡的竹笼子，所以它又叫'鸡笼罩'。"

红树林里还有什么东西？

现在不消陈老师说，孩子们也看清楚了。这儿藏着许多会飞、会爬、会游的小动物，组成了一个奇异的海滨动物园。

为什么这儿有这样多的动物？

陈老师说："这都和红树林的特殊生态环境分不开。"

红树林里，有什么特殊的生态环境？

王洋脱口就说："这里的风浪小，是小动物躲藏的好地方。"

茅妹想了一下说："这里的树枝、落叶很多，营养很丰富，当然就有许多动物来啰。"

现在再也不用大家多说了。孩子们边说边干，早就踩着浸透了海水的软泥地，吧嗒吧嗒钻进红树林，抓住许多鱼儿和螃蟹了。

红树林的用途

红树林可以保护海岸不被风浪侵蚀，是有名的"海岸卫士"；红树林里的树木，例如木榄、白骨壤、木果莲等，纹理细致，木质坚硬，色泽鲜艳，还有防腐防虫的特点，是做家具和乐器的上好原料；红树林里许多树木的根和树皮里，含有单宁，可以用来制革；红树林里的一些品种，还可以提炼制药；红树林里可以抓鱼捉虾，是一种特殊的海滨生态环境。

东寨港红树林保护区

东寨港在海南岛东北部，距离海口市不远的地方。这是一个伸进陆地很深的港湾，岸边的水很浅，有大片软软的淤泥滩，加上气候炎热，非常适合红树林生长，湾内到处都是红树林，形成一种特殊的自然景观，所以人们在这里建立起红树林保护区。这里的红树种类非常丰富，有12科19种，国内其他地方的红树林都没法和它相比。

第21天
伸手拉住陆地的小岛

天快黑了，茅妹和蓬蓬还没有回来。

陈老师有些急了，出发前他做了保证，承担着照顾好每个孩子的任务。如果丢掉了一个，怎么回去向家长们交代？

莉莉也急了，心里暗自埋怨不懂事的小弟弟，总爱和冒里冒失的茅妹一起，到处东钻西钻。万一有什么三长两短，该怎么给爸爸妈妈说？

伙伴们都急了。说好了，大家都应该准时回来，为什么他们没有按时回到集合的地方？

老万大叔安慰大家："别着急，这个小岛只有巴掌大，难道他们还会飞了不成？"

话虽然这样说，陈老师和小伙伴们还是非常着急。就是老万大叔本人，心里也没有底，只是宽慰大家一下而已。

他们会不会被困在岛上什么地方？

会不会跌伤了，没法走回来？

会不会被潮水卷走了？

前面两种情况倒还没有什么太大的关系。万一是后者，就非常严重了。

陈老师皱着眉头问："谁最后看见他们的？"

王洋吞吞吐吐地说："我瞧见他们跑到海边一个岬角上去了。"

海边的岬角？

这儿的海岸线非常平直，几乎到处都是浅滩，没有突出在海心的岬角呀。

陈老师问王洋："你是不是看花了眼睛？"

"不，"王洋一本正经地说，"我亲眼瞧见他们，顺着一道又低又直的堤坝跑过去。茅妹还回头招呼我，叫我也跟他们一起去玩。我如果不是忙着在沙滩上拾贝壳，一定也和他们一起去了。"

瞧着他十分认真的样子，大家不由不信他的话。可是他的话里还有一些疑点，大家又有些想不通。

这儿哪有什么伸进海里的堤坝？是人造的，还是天然的？

这个所谓的堤坝又低又直，到底是什么东西？

王洋说："这是沙子铺成的，不像是人造的。"

沙子铺的又低又直的堤坝，怎么会通往一个岬角？

不管怎么说，还是先去看一下吧。

陈老师问王洋："你记得到那儿去的路吗？"

王洋点头说："当然记得啊，我带你们去找他们吧。"

王洋带领着大家顺着海边赶去，不一会儿就到了那个地方。抬头一看，他自己也怔住了。

啊，真奇怪呀！先前明明看见这儿有一条通向海里的堤坝，怎么一下子就没有了？

陈老师问他："你没有记错地方吗？"

王洋回答说："我刚从这儿回来，怎么会弄错呢？"

这可奇怪了。他没有记错地方，那条堤坝怎么会不见了？

抬头往海上看，海面上笼罩着一层朦朦胧胧的雾气，莫非是这股雾气把堤坝遮住了吗？

不，雾气可以遮住远处的东西，却没法遮住近处的景象。眼前海水拍打着平直的岸线，看不出一丁点儿伸进海里的堤坝的影子呀！老万大叔一看,心里明白了,连忙问王洋:"你和他们是什么时候分手的?"

王洋仔细回忆一下说:"我们是下午 4 点半分开的。我顺便看了一下手表,记得非常清楚。茅妹说,她带蓬蓬去玩一会儿就回来。"

老万大叔再问他:"你什么时候离开这儿的呢?"

王洋想了一下说:"我顺着沙滩往前走,到处找好看的贝壳。大约过了半个多小时,就从这里走了。"

"坏了,"老万大叔不禁失口说,"必定是晚潮淹没了王洋看见的堤坝,切断了茅妹和蓬蓬回来的路。但愿平安无事,他们没有被潮水冲走就好。"

他这一说,大家都急了,陈老师和莉莉特别焦急,连忙问他:"事情真会这样严重吗?"

老万大叔举手安慰大家说:"别性急,我还没有完全了解清楚情况呢。"

他紧紧盯住王洋又问:"你看见他们去的地方,也是很低很平的沙滩吗?"

"不,"王洋摇头说,"那儿好像有一座小山。就是那个小山,吸引他们去的。"

"噢,原来是这么一回事,"老万大叔轻轻吁了一口气说,"事情不像想象中那样糟糕,我已经初步可以判断,两个孩子还在那个地方。事不宜迟,我们赶快去找吧。"

接着的事情就很简单了。他问清楚了那道被淹没的沙坝的位置,立刻和宋跃撑着一个舢板,带着陈老师划了过去,不一会儿就听见了远远的雾气里传来两个孩子的哭声。

陈老师连忙大声呼唤:"别怕,我们来救你们啦!"

老万大叔也喊:"待在那儿不要动!我们马上就来了。"

顺着孩子的哭声加快划去,再过一会儿,就抬头看见雾气里渐渐显现出一个模模糊糊的黑影子,这就是王洋从远处看见的"小山"了。

　　老万大叔和宋跃加紧划了几把，很快就划到了那个水上的"小山"面前。这哪是什么"小山"呢？此时此刻它是海心里的一个小岛。茅妹紧紧搂住哭得泪人儿似的蓬蓬，正站在岸边朝着他们使劲挥手呢。

　　舢板还没有靠岸，陈老师就忙不迭跳下去，吧嗒吧嗒踩着水跑上岸，伸手抱住两个孩子，再也不肯放开他们。

　　一场惊险结束了，回头要问老万大叔。他是怎么判断情况的？眼下这个四面都是海水的小岛，怎么会有一道堤坝和岸边连接在一起？

　　老万大叔说："这是一个还没有发育好的陆系岛，这种地形在海边非常普通。"

　　一座岛，就是一座岛，有什么发育好、没有发育好的？

　　老万大叔解释说："所谓陆系岛，从前是海里的一个真正的小岛。后来出现一条沙坝，把它和陆地连接起来。起初沙坝不高，潮水可以淹没，退潮的时候才可以走过去。茅妹和蓬蓬，就是这个时候上去的。后来涨潮了，淹没了沙坝，他们就没有办法回来了。"

　　陆系岛怎么才算发育好呢？

　　老万大叔说："沙坝上面的沙子越堆越多、越堆越高，潮水再也不能淹没它时，它就成为一个完全和陆地连接的陆系岛了。"

　　噢，原来是这么一回事，是沙子和潮水玩弄的把戏呀！

陆系岛的例子

　　正在发育中的陆系岛：涨潮时和岸边分离，落潮时人可以通行。辽宁省锦州市海边的笔架山就是这样的。落潮的时候，可以沿着一条低矮的沙堤走上去，涨潮后沙堤就被淹没了，是当地的一个旅游景点。

　　发育完成的陆系岛：不管涨潮、落潮，都和陆地岸边紧紧联系在一起。山东省烟台市的芝罘岛作为例子，已经完全成为陆地的一部分。联系陆地的沙堤上，修造了许多街市，还可以开着汽车来来往往呢。

第22天
水上的沙洲

考察船沿着海岸，行驶到一条大河口附近。大股大股黄汤汤的河水流出来，把原本是蓝色的海水也沾染成黄色了，让人分不清这是真正的海水，还是河水。

到底这是冲流进海的河水，还是被河水里的泥沙染黄的海水？

王洋在宋跃的帮助下，放下一个瓶子，装了一瓶水起来，喝了一口，皱着眉毛说："呸，这还是又苦又咸的海水，真难喝。"

孩子们看呀看，忽然瞧见这里有一个小岛。

海上航行腻味了，有一座小岛，谁见了都高兴。

王洋和茅妹说："咱们在这儿玩一会儿吧。"

阿颖和徐东说："老是踩着晃里晃荡的甲板，把脑袋都弄晕了，好好在这儿休息一下吧。"

蓬蓬嚷着："我想躺在沙滩上晒太阳。甲板上太烫了，躺在地皮上才舒服。"

老万大叔缠不过孩子们，陈老师也想带着孩子们上岸，让他们好好认识一下这个新发现的小岛。两个人商量一下，就指挥宋跃和吴飞驾着船，找一个地方靠岸停泊下来。

考察船绕着这个小岛开了一个圈子，又一个圈子，找不到停船的地方。

王洋急了，问老万大叔："随便找一个地方靠岸不就得了吗，为什么要这样折腾来、折腾去的？"

老万大叔指着平缓的沙岸说："你看吧，这儿的海岸这个样子，水这样浅。如果冒失地靠上去，准会搁浅的。"

王洋看清楚了，搔着头皮说："大船不能靠岸，放一只小舢板吧。"

"好吧。"老万大叔无可奈何地点了一下头，只好按他说的办了。

听说要放舢板，孩子们都争着要上去。可是人数太多，一只舢板装不了，只好分成两批上舢板登陆了。

老万大叔说："让几个女孩子带着蓬蓬先上吧。"

在他的指挥下，宋跃和吴飞早就把一只舢板放下水了，然后放下舷梯，招呼女孩子一个个上去。

茅妹最高兴，连忙得意扬扬地拉着蓬蓬，首先跨上舢板，回头对大船上的男孩子叫嚷道："喂，你们老老实实等着吧，我可要第一个登陆啦。"

第一个登陆有什么好处？

好处可多啦！按照航海规则，发现者和第一个登陆者，都有权利给新发现的岛屿命名。根据孩子们这次海上考察约定的，第一个登陆者还有在沙滩上寻找贝壳和别的宝物的优先权呢。

王洋气红了眼睛，却一点办法也没有，只好眼睁睁瞧着她们洋洋得意地乘着舢板往前划。茅妹坐在舢板船头上，准会实现心愿，第一个跨上这座新发现的小岛。

王洋气嘟嘟地说："这太不公平了，为什么让她们先上去？"

他正在生气，旁边的阿颖轻轻碰了一下他的胳膊，悄悄问他："你真的想第一个登陆吗？"

"那还消说吗？"王洋说，"我恨不得立刻插着翅膀飞上去呢。"

"不用插翅膀，"徐东站在另一边，十分诡秘地眨了一下眼睛说，"只要你会游泳就行。"

游泳?！王洋惊奇地睁大了眼睛。这里离岸还有很长一段距离,冒失地下水游泳,有危险吗?

"不,保证没有危险,"阿颖又低声对他说,"只要你会在水里跑就行了。"

在水里跑?这是什么意思?

站在两边的阿颖和徐东这才手指着慢慢划的舢板对他说:"瞧吧,划船的宋跃和吴飞不是用桨,而是用竹竿一点点往前撑的。"

哇,秘密原来在这儿呀!王洋再仔细一看,看清楚了竹竿进水的深度。飞快计算出来,这儿最多不过一两米深。难怪老万大叔担心会搁浅,难怪阿颖和徐东说,只要敢在水里跑就行了。

三个孩子悄悄商量好了,躲开众人的眼睛,"扑通"一声跳下水,连游带跑一下子就冲上了岸。回头看,舢板还在后面慢慢撑呢。气死了茅妹,三个顽皮的孩子笑疼了肚皮。

他们上了岸,就撒开脚丫子使劲往前跑了,要赶在大伙儿的前面,先把这个小岛看清楚。他们气呼呼绕着岛岸跑了一大圈,却又像泄气的皮球一样一屁股坐在地上,再也不想起来了。

唉,这算是什么岛呀!说它是一座岛,还不如说它是一片小小的沙洲。

为什么这样说?

瞧呀,它的地形又低又平,完全不像别的岛屿有较大的地形起伏,好像是一张平铺在水上的纸片。

看啊,它的面积不

算大，简直没有资格叫作"岛"，只不过是一片沙洲而已。

王洋说："呸！呸！呸！这就是一个小小的沙洲。"

阿颖和徐东也说："说对啦，这就是沙洲嘛。"

正说着，后面的茅妹一拨来了，茅妹故意抬杠说："凭什么说它不是一座岛？只要是海上可以落脚的陆地，都可以叫作岛，为什么它不能？"

王洋反问她："按照你的这个逻辑，露出在海面的巴掌大的礁石，也能够落脚，难道也可以叫作小岛吗？"

这一问，把茅妹问住了，她一下子说不出话，可是心里还很不服气。

他们争来争去，争什么？还不是想争命名权吗？王洋和阿颖、徐东说是"沙洲"，茅妹抬杠说是"岛"，似乎意思有些不一样。给这个新发现的地方取名字，当然也就不一样啰。

瞧见他们争得面红耳赤，蓓蓓连忙笑嘻嘻打圆场说："得啦，别争了。我们来仔细讨论一下，眼前这个沙洲能不能够叫作岛吧。"

莉莉说："只要有相当大的面积，就可以叫作岛。"

这个答案似乎不成问题，大家都可以接受。

茅妹趁势说："既然岛屿和沙洲只是面积大小的差别。眼前这片沙洲也不算太小呀，当然也是岛啊。河口泥沙淤积的陆地，是不是也能叫作岛？"

他们正说着，后面第三拨也来了。罗冰听了插话说："你们别争啦，叫沙洲、叫作岛，都不是根本问题。我们应该认真讨论一下，河口泥沙淤积的，是不是也能叫作岛。"

这压根儿就不是问题，跟在后面的卢小波举例发言道："长江口的崇明岛，也是泥沙淤积的，岂不是也叫作岛吗？"

后面来的郑光伟也说："它还是中国第三大岛呢，凭什么说泥沙淤积的不是岛？"

现在越说越明白了，问题进一步引申下去，为什么在河口地方有时候会生成沙洲？

大家从流进大海的黄汤汤的河水，一眼就可以看出来。这儿的泥沙淤积非常严重，很容易生成眼前这片沙洲一样的岛屿。

这样的小岛有科学名称吗？

卢小波说："有呀，从生成原因来说，这就是沉积的沙岛。"

沙岛分布在什么地方？

现在大家都明白了，齐声回答道："它只能生成在河流出海的地方。"

河流出海的地方都有沉积的沙岛吗？

大家齐声回答道："那可不一定。有的河流带来的泥沙很少，怎么能够堆积形成一座小岛？"

大洋中间没有沉积的沙岛吗？

大家齐声回答道："当然没有啰！"

为什么大洋中间没有沉积的沙岛？

大家齐声回答道："那儿没有泥沙来源呀！"

王洋专门补充说："大洋那样深，哪有那样多的泥沙，堆成一座小岛呢？"

请问，他们说得都对吗？

最后走来的陈老师说："那也不见得，有的小岛是珊瑚沙堆积形成的。从某种意义来说，也可以勉强算是沉积岛呢。"

这种海心的沉积岛需要什么条件？

第一，必须有隆起的水下地形。这样的特殊地形，很可能是距离水面很浅的海底山头。

第二，必须要有充足的沙子。大洋中心没有河流，就只能够是珊瑚沙了。

崇明岛的名字的来历

请问，中国的第三大岛叫什么？

中国的第三大岛是长江口的崇明岛，现在的面积 1083 平方千米，仅次于台湾岛和海南岛。

一个岛屿的面积，就是面积，为什么要说是"现在的"？

没有办法啊，这和它的脾气有关系。

崇明岛为什么叫这个名字？

也和它的脾气有关系。

啊，这可奇怪了，没有生命的岛屿也有脾气吗？

有的，请你仔细听一下它的故事吧。

说起它的故事，要从它的名字的来历说起。

古时候，这里一片水汪汪，压根儿就没有岛屿的影子。大约在唐朝开始的时候，这里才出现了两片小小的沙洲，位置和大小都很不稳定，一会儿出现、一会儿又悄悄消失了。因为它有这个鬼鬼祟祟的脾气，所以人们就叫它是崇明洲。

后来，长江带来许多泥沙，使它渐渐淤积增大。有人在上面居住了，它也渐渐受到人们注意了。由于泥沙淤积越来越多，它一天天变大。到了五代时期，人们就在这里设立一个市镇。因为鬼鬼祟祟的崇明不好听，不知是谁大笔一挥，就把"祟"字改成"崇"字，取名叫作崇明岛，好听得多了。

可是常言道：江山易改，本性难移。崇明岛虽然改了名字，但是却始终改不了鬼鬼祟祟的老脾气，总是一会儿这里被冲刷少了一块、一会儿那里又堆积增加一块。

故事讲到这里，现在你该明白它为什么叫作这个名字，为什么总是不断移动，为什么面积常常变化，为什么古人说它鬼鬼祟祟的了吧。

第 23 天
海上的"黑烟囱"

　　海上航行了一天又一天，孩子们和两个水手轮流在甲板上值班，监视着海上的动静，不放过一丁点儿可疑的现象。

　　这一天，轮到阿颖和徐东值班。天气很热，所有的伙伴都在舱里休息，只有他们两个守候在赤道烈日下的甲板上，汗流浃背地东张西望，希望能够看见一些什么值得一看的东西。

　　他们看见了什么呢？

　　一条大鱼跃出了水面。

　　几只海鸥在桅杆上盘旋。

　　远远有一艘渔船驶过。

　　唉，整整守候了老半天，就只看见这一丁点儿平平凡凡的东西，还必须一件件记录在值班日记上，实在太枯燥无味了。

　　唉，这就是单调寂寞的海上生活。除了这些，他们还能够指望看见什么呢？

　　除了这些，就只有翻滚不息的白浪花，哗哗作响的波涛了。还不如在最偏僻的陆地山野里守候，没准儿还能够时不时瞧见一只狐狸追赶小兔子，两只松鸡打架，几只松鼠在树上跳来跳去。不管怎么样，也比死守在被晒得滚烫的甲板上强。

　　两个孩子起初兴致勃勃，一会儿就垂头丧气，没有一丁点儿新鲜感觉了。

唉……噢……不知是海神爷安慰他们，还是他们的运气来了。两个人正没精打采的时候，阿颖忽然抬头瞧见远方海平线上出现了异常。

一缕淡淡的黑烟从海天远处笔直冒了起来。

他用力推了徐东一把，对他说："瞧，那是什么东西？"

徐东拭了一下眼睛，转过身子看了一眼说："没准儿是一艘过路的轮船。"

阿颖再一看，真的像是轮船烟囱里冒出的黑烟，慢慢翻开记录本，用秃头的铅笔写下一笔："13 点 27 分，有一艘轮船经过。不明国籍，吨位不详，航向北东 75 度。"

徐东看了他的记录说："别急着这样写。如果过一会儿它开过来，看清楚桅杆上的旗帜，再填写国籍也不迟。"

那艘看不见的轮船没有开过来，他们的帆船却正对着它开了过去。

近了，近了，看得更加清楚了。如果再近一些，海平线上就会浮现出它的船身了。

近了，更近了，海平线上终于吐出了这个冒烟的东西的轮廓。

啊，这是什么？想不到不是一只船，而是一座黑乎乎的山的影子。那股丝丝袅袅飘进空中的黑烟，就是从山顶上升起来的。

哇，原来是一座冒烟的小岛呀！海上什么山能够冒黑烟？

啊，原来是一座火山。

冒烟的火山，是活火山。

有火山分布的岛屿，是一座火山岛。

啊哈！原来这是一座罕见的活火山岛呢！两个孩子来劲儿了，高兴得手舞足蹈大喊大叫。引得小伙伴们全都跑了出来，随着他们的指点，也一个个看得入了神。

近了，已经近到面前了。别说是岛上高耸的火山锥，火山口里冒出的一缕缕黑烟，就连山坡上的许多细节也看得一清二楚。

　　帆船围绕着这座小小的火山岛兜了一个圈子，在孩子们的强烈要求下，选择了一个波浪比较平静的海湾靠了岸。孩子们在陈老师的安排下，分成几拨欢天喜地跳上岛岸，准备各自按照计划进行考察，收集和火山活动有关联的材料。

　　陈老师亲自带着几个孩子，爬上陡峭的山坡，笔直朝火山口赶去。老万大叔带着另外一拨，顺着海岸在山下考察。

　　陈老师带着孩子们边走边看，边谈论海上火山岛的问题。

　　茅妹不明白地问："海上怎么会有火山岛呢？"

　　陈老师不作声，让孩子们自己讨论。

　　王洋说："这有什么不可以？只要有地下岩浆喷发的地方，就可能生成火山。"

　　卢小波也说："海上的火山岛多的是。太平洋上许多小岛，多半和火山有关系。"

　　郑光伟说："有一年，我跟着爸爸、妈妈到广西北海去玩，还专门乘船到附近北部湾上的涠洲岛去过。港口就在浸在海水中的火山口里，真有趣呀！"

　　爬呀，爬呀，边走边说着，很快就登上了山顶。只见这里有一个碗形的凹地，就是火山口了。一股股忽浓忽淡的烟雾从火山口里冒出来，散发出刺鼻的硫黄味。火山口边，还有一片片乌黑的岩浆冷凝形成的凹凸不平的地面，一切都显示着这里的确是地下岩浆喷出的通道。这是一座活火山毫无疑问了。

　　茅妹瞧着冒烟的火山口，不放心地问："它会在这个时候爆发吗？"

　　她的担心不是多余的，万一眼前这座火山真的爆发，他们逃跑也来不及呢。胆小的蓓蓓也有些害怕，提出了同样的问题。

　　陈老师安慰她们："别害怕，许多火山一直都在冒烟，却不会立刻喷发。如果火山真的快要喷发了，也有许多预兆，可以事先预报呢。"

　　茅妹又问："有没有什么火山，平时不声不响，一下子就爆发了？""有的，"陈老师说，"印尼的松巴哇岛上，有一座坦博拉火山就是这样的。"

印尼的火山很多，千百年来，不是这座火山喷发，就是那座火山喷发。有史以来坦博拉火山从来也没有喷发过，好像是一座死火山，所以谁都没有把它放在心上。想不到在1815年4月5日，这座沉默多年的怪兽一下子活动起来了。火山口里一下子喷出来熊熊火焰，大量难闻的气体和火山灰、烟雾包裹了整座火山，让人看不清山顶的情形。这样整整喷发了三天三夜，喷出的物质达到700亿吨。甚至在一周以后，几百千米外的地方中午也伸手难辨五指。赤道的太阳，无法穿透烟雾照耀在地面上。

烟雾散尽后，人们惊奇地发现，原本海拔4100米的火山锥，竟被削掉了一半，只有2850米高了。形成了一个直径6000多米、深700米的巨大陷落火山口。事后统计，在这场火山喷发中，直接死亡和由于海啸等间接死亡的人数达到92000人，真是一场人间浩劫。

茅妹问："既然火山爆发这样可怕，为什么还有这样多的人住在火山岛上呢？"

这个问题陈老师没有说，故意留给孩子们自己回答。王洋抢着说："火山喷发并不是年年都有，怕什么？"

郑光伟说："海上没有别的陆地，只好住在这里啊。"

卢小波说："火山灰非常肥沃，在这儿种庄稼比别处好得多，人们当然就舍不得离开啰。"

老万大叔带领的一组在山下调查，也发现了一些有趣的现象。

他们在这儿找到许多火山喷出的火山弹，阿颖和徐东还找到一些有孔洞的浮石，放在水上不会沉下去，真有趣呀！

活火山和死火山

活火山：指有史以来有过活动，现在还有活动的火山。

死火山：有史以来相当长的时间内没有活动的火山。

火山的类型

马尔式火山：只有火山口，没有火山锥，地面有一个漏斗状的凹坑。南非金柏利附近的一个直立的"金柏利烟筒"就是例子，其中盛产金刚石。

维苏威式火山：以意大利维苏威火山作为代表，喷发强烈，往往可以炸裂原来的火山锥，形成新的火山体。

夏威夷式火山：以夏威夷群岛的一些火山为例，喷发多为岩浆溢出，没有强烈爆炸现象。

喀拉喀托火山爆炸

印尼的巽他海峡里有一座小岛，岛上有一座赫赫有名的火山，叫作喀拉喀托，曾经发生过一次猛烈的爆炸。提起这场爆炸，直到今天人们还心有余悸。

喀拉喀托火山是一座活火山，已经有200多年没有喷发过了。1883年5月20日，它忽然活动了，喷出的烟柱升入万米高空。相距250千米外的巴达维亚（就是今天的雅加达），也听见了好像大炮轰鸣似的隆隆的声音。火山灰随风飘扬，飘到了更远的地方。一切都预示着一场巨大的灾难即将来临。

1883年8月26日上午10时左右，喀拉喀托火山终于大爆发了。

烟云猛地蹿到80千米的高空，抛射出来的岩浆块，有的也达到了54千米的高度。4700千米外的澳大利亚一个小城听见了爆裂声。烟雾笼罩了附近所有的地方，连日本也变得烟雾沉沉。由于随着大气环流周行世界的火山灰的影响，全球气温一下子降低了许多，对一些地方的农业收成造成了不良影响。清晨和傍晚，许多地方还能看见悬浮在空中的火山灰引起的奇怪的霞光。

这场火山爆发在海上引起高达 20 米的巨浪，生成了一场巨大的海啸，吞没了 35380 人。海啸使无数船只翻沉，把一艘船冲到了离岸 3 千米外的 10 米高的地方。

这场火山爆发还毁灭了岛上的全部村庄，整个小岛被炸飞了三分之二。喷发的地方炸成一个 279 米深的大坑。残留的岛上覆盖着厚厚的岩浆块和火山灰，有的地方竟有上百米厚！

第 24 天
热带海上的"花环"

热带的天气暖洋洋的。

热带的海水清亮亮的。

热带的海面可不是那样平静，因为这儿经常有热带风暴呀。

考察船来得不是时候，正是起风暴的季节。海上刮起了暴风，卷起了成排成排的小山一样的巨浪。孩子们受不了风暴的折磨，几乎全都晕了船，呕吐得一塌糊涂，压根儿就别想在甲板上站稳脚跟。

风还要吹多久？浪还会有多大？什么时候才能平息下来，让可怜的孩子们好好休息一下？

王洋有气无力地问老万大叔："这场风暴快完了吗？"

老万大叔抬头看了一下天色，皱着眉头说："看样子还早呢，再忍耐一下吧。"

呜，听了这样的回答，王洋差点儿立刻晕倒。

茅妹也身子软绵绵地问他："这里距离最近的港口有多远？"

老万大叔告诉她："这儿是大洋中心，距离东边最近的港口好几千千米，距离西边的港口也有好几千千米。"

噢，听了这样的回答，茅妹也差点儿立刻晕倒。

阿颖问："现在我们在海上什么位置？"

老万大叔无可奈何地说："这场风暴太大了，我们已经被吹离了航线，不知道在什么地方。只有风停下来，稍微喘一口气，才有时间测量经纬度。"

哇，听了这样的回答，谁都会立刻晕倒呀。

老万大叔安慰他们："别泄气，海上情况千变万化，总会柳暗花明又一村的。"

这是真的吗？

"当然啰，"老万大叔说，"这样的事情，我在海上遇见得太多了。只要稳住自己的船不出事，没准儿奇迹就会出现的。"

他说对了！船在发狂的怒海上歪歪倒倒行驶了一会儿，果真出现奇迹了。

顶着风浪站在甲板上瞭望的宋跃，用手搭着凉棚，睁大眼睛四处张望，终于发现了一个目标，兴奋得大声喊叫起来："陆地！"

孩子们都有些不相信。在这茫茫大洋中央，哪会有什么陆地呢？只有卢小波还沉得住气，对伙伴们说："咱们应该相信水手叔叔。他们有经验，不会看花眼。"

莉莉也说："老万大叔说过，咱们现在已经偏离航线很远了，没准儿真的漂流到一个不知名的地方了。"

现在轮到老万大叔说话了。他举起望远镜朝宋跃指点的地方仔细探看了一下，不禁面孔上绽露出笑容说："谢天谢地，咱们真的到达一个天然避风港了。"

怒海波涛中的陆地，还是一个天然避风港，这是什么地方？

风还在猛烈地吹着，浪还在汹涌翻腾着，考察船已经有了前进的方向。在老万大叔和两个青年水手的操纵下，船笔直朝着那个汪洋大海里的目标驶去，果真一会儿就清楚地看见宋跃所说的陆地了。

孩子们抬头看，只见海上浮起一小片陆地，好像是一座小岛。由于地势低平，风浪又大，刚才大家没有看见。多亏宋跃经验丰富，在起伏汹涌的浪花中一眼瞧见了它。

再仔细一看，这不是一座普通的小岛。而是排成圆圈的一大串岛礁，里面还藏着一个小小的礁湖呢。礁岸上生长着许多高大的椰树，迎着海风摇来摆去沙沙响，好像是一个浮在水上的花环。

更加奇特的是，这个"花环岛"外风浪滔天，由于礁岸保护，礁湖里却风平浪静，只有一丁点儿微微起伏的涟漪。老万大叔连忙指挥着考察船，穿过岛链的一个缺口开进去，安安稳稳停泊在礁湖里，躲开了海上风浪的袭击。船身不再摇摆了，大家这才长长地松了一口气。

咦，这是什么地方？孩子们简直不相信自己的眼睛了，怀疑这是不是真的。

茅妹忍不住提问道："这是哪儿呀？莫不是海神爷专门给咱们安排的避风港？"

王洋说："这个圆圈形的岛链，简直就是一个特大号的救生圈呀！"

当然啰，这不是海神爷安排的避风港，也不是救生圈，而是一串排列得非常奇怪的岛链。

阿颖和徐东不明白，问老万大叔："这到底是什么地方？"

老万大叔说："这就是人们常说的珊瑚岛呀！"

啊，珊瑚岛，孩子们早就听说过它的大名了，想不到竟是这个样子。

茅妹感到奇怪，问："珊瑚岛是怎么生成的，为什么是这个样子？"

这是两个不同的问题，必须分开讲。

头一个问题很简单，不用老万大叔开口，许多孩子都知道了。

卢小波说："我看过一本书，说它是小小的珊瑚虫造成的。"

珊瑚虫不是建筑师，怎么能建造一座比高楼大厦还复杂的小岛？

卢小波说："一个珊瑚虫不行，这是成千上万的珊瑚虫建造的。"

原来，珊瑚虫喜欢群居在一起。每个珊瑚虫都用自己分泌的石灰质造成一根细细的管子，舒舒服服住在里面。数不清的珊瑚虫管子紧紧挨靠着，共同搭建了一座结构复杂的"公寓"，好像蜜蜂窝似的藏在海水里。

茅妹还是有些不明白，问："就算是这样，也不能砌成一座岛呀。"

卢小波告诉她："一代珊瑚虫不行，还有下一代呢。珊瑚虫死后，留下的'空房子'，和泥沙、贝壳胶结在一起，是下一代珊瑚虫修建新'公寓'的最好的地基。一代代珊瑚虫繁殖生长，就慢慢堆积成一块块珊瑚礁。再继续堆积，就会露出水面，成为我们看见的珊瑚岛了。"

茅妹感兴趣，又问："世界大洋里，到处都有珊瑚礁和珊瑚岛吗？"

"不，"卢小波说，"珊瑚虫非常娇气，对生活环境非常挑剔，只能生活在特殊的环境里。"

"珊瑚虫生活需要什么特殊条件？"

卢小波告诉茅妹："它怕冷、也怕热，只能生活在水深小于 50 米、阳光和氧很充足、海水非常清洁、含盐度正常、水温在 20℃左右的浅海里。"

噢，小小的珊瑚虫真挑剔呀！难怪不能到处看见它，只能够在这儿的热带海上分布。今天他们在风暴中遇见一座环形的珊瑚岛，真是运气太好了。

话回到前面说过的另一个问题，珊瑚岛都是这个样子吗？

卢小波没法回答了，莉莉接着讲。

"才不是呢，"莉莉说，"我也看过一本书，知道珊瑚岛有好几种形式。这是环礁，还有岸礁和堡礁。"

孩子们说话的时候，海上的天气变了。热带大海上的天气就是这样的，说变就变。刚才还是狂风大浪，一眨眼风就停了，波浪也渐渐平息下去。环礁里面的情况更好，早已是一片平静，好像是静水池塘似的。

天气好了，孩子们的心情也好了，高高兴兴踏上环礁，尽情玩了个痛快。

他们在礁岸上拾贝壳、摘椰子吃，还绕着环礁走了一大圈。

这个环礁是一连串小岛组成的，中间有水隔开，怎么走过去呢？

　　原来这些小岛中间的水不深，有的地方可以踩水过去。有的地方等到退潮的时候，也能踩水走过去。实在不行，跳下水游过去吧。

　　孩子们非常高兴，唱起了一首歌：

　　　我爱你，珊瑚礁，
　　　我爱你，美丽的海上"花环"。
　　　一个个小岛，
　　　好像宝石一串串。

　　　我爱你，珊瑚礁，
　　　我爱你，美丽的海上"花环"。
　　　我爱在礁岸上玩，
　　　我爱在礁湖里划小船。

　　　海风轻轻吹，
　　　椰树沙沙响，
　　　听外面海上的波浪，
　　　看里面湖底的珊瑚奇观。
　　　珊瑚礁，真好玩，
　　　谁不爱这美丽的海上"花环"？

珊瑚礁的类型

岸礁：这里的珊瑚礁紧紧挨靠着海岸，好像是一圈天然防波堤，保护着海岸不受波涛冲刷。岸礁宽度和海岸地形有关系。以我国南海的岸礁为例，陡峭的海岸边，岸礁狭窄，最窄的只有几米；平缓的地方，岸礁宽，最宽的有几千米。

环礁：环形的珊瑚礁中间没有小岛，只有一个潟湖，直径一般一两千米，大的可以达到上百千米。环礁中间的湖水比较浅，也非常平静，和外面汹涌的大海形成鲜明的对比。

堡礁：珊瑚礁环绕在离岸有一定距离的地方，中间隔着潟湖或者海面。有时候，中间还有一块块零零星星的珊瑚礁块分布呢。

澳大利亚东北部的大堡礁，是世界上最大的堡礁。全长2000多千米，最宽的地方有240千米，面积20多万平方千米，好像是一道水底长城，气势宏伟壮观。这里有400多种珊瑚，1500多种鱼类，300万只海鸟，还有许多包括绿色海龟、巨蛤在内的各种各样珍稀海洋动物，人们在这里建立了海洋公园和海洋科学研究站。

第 25 天
美丽的海底花园

珊瑚礁，是美丽的海底花园。

为什么这样说？

因为这儿的一丛丛珊瑚枝，长长短短、高高低低，好像是一丛丛怒放的水底灌木和花枝呀。

你看呀，一根根带枝带杈的珊瑚枝，岂不是很像天然的树枝吗？

珊瑚礁，是美丽的海底花园。

为什么这样说？

因为这儿的一丛丛珊瑚枝五彩缤纷的，看花了人们的眼睛。

你看啊，这些红红黄黄，再加一些雪白和蓝的、绿的颜色，岂不是很像花园里的花朵吗？

珊瑚礁，是美丽的海底花园。

为什么这样说？

因为这儿一群群五颜六色的鱼儿游来游去，使人们看得出了神。

你看啊，这些无声无息在珊瑚丛里出没的鱼群，岂不是很像花园里穿花的蝴蝶飞来飞去么？

孩子们全都戴上了氧气面罩，蹬着橡皮脚蹼，跟随着老万大叔和两个年轻的水手，在海底的珊瑚丛里慢慢游着，好像是一群跟随着老师去春游的小学生似的，真高兴极了。

他们在海底游泳，不害怕吗？海底很黑很黑，能够看见周围的东西吗？海底很深很深，压力很大很大，还有许多凶猛的大鱼和别的海洋动物，不会发生危险吗？

放心吧，什么事情都不会发生的。

这里是一个环礁里面的礁湖，水很浅很浅，很暖和很暖和，很明亮很明亮，也非常平静。有老万大叔和两个水手保护，绝对不会出一丁点儿问题。

为什么珊瑚枝是这个样子？

这可一下子说不清楚。珊瑚礁是小小的珊瑚虫的公寓大厦，想怎么堆起来，就怎么堆起来。

啊，珊瑚礁里实在太好玩了。

蓬蓬跟着茅妹，兴致勃勃钻进珊瑚丛里，玩起了捉迷藏的游戏，不小心惊起了一条躲在泥沙里，也在捉迷藏的怪鱼，把他们吓了一跳。

这条怪鱼和谁捉迷藏？

它在悄悄等待过路的小鱼，扑上去就一口吞进肚皮。

啊呀，这不是捉迷藏，是在打埋伏呀！它是谁？是什么样子？

它的身上布满了和老虎一样的花条纹，这是凶猛的深虾虎鱼呀！多亏他们跑得快，没有被它咬一口。

蓓蓓忙着追赶一群又一群漂亮的小鱼儿。它们好像在这儿举行时装表演，身上花里胡哨的，看花了蓓蓓的眼睛。

珊瑚海里时不时会钻出一条可怕的鲨鱼，它们不害怕吗？为什么打扮得这样花里胡哨，不怕鲨鱼发现吗？

莉莉说："别为它们担心，这正是它们保护自己的好办法呢。"

蓓蓓不明白，问："保护自己应该穿伪装衣，这样五颜六色的，太打眼啦。"

莉莉告诉她："这就是它们的伪装衣呀。你看，珊瑚礁本身就是五颜六色的，和它们身上的颜色一样，这才是最好的伪装办法。"

罗冰瞧见几条小鱼儿，从海参的触手中间游出来。它们瞧见罗冰受了惊吓，一下子转身又藏进海参的触手里去了。

他觉得非常奇怪，海参不会吃掉它们吗？

莉莉说："不会的，它们和海参是共生关系，可以互相帮助呀。"

阿颖和徐东笑嘻嘻地对大家说："瞧呀，我们拾到了许多好看的贝壳。"

珊瑚礁里也能够拾贝壳吗？

可以呀！这里有许多五光十色的贝壳，比退潮后在沙滩上拾到的还多。

他们有些不明白地问："为什么这儿的贝壳比沙滩上还多？"

莉莉说："这里是贝壳的老家，沙滩上是涨潮冲来的，当然没有这儿多啰。"

卢小波和郑光伟抓住许多破坏分子。

谁是珊瑚礁里的破坏分子，难道这里还藏着潜伏的特务吗？

哈哈！不是的。原来这是许多小砗磲、钻孔海胆、穿孔海绵。它们把坚硬的珊瑚礁钻了许多小洞洞，紧紧趴在上面，或者干脆钻进去。把好好的珊瑚礁破坏得乱七八糟的，岂不是讨厌的破坏分子吗？

所有的孩子都在这儿，王洋呢？这个一分钟也不肯老老实实待着的男孩溜到哪儿去了？

瞧，他来了，追赶着一只巨大的蝠鲼，它好像是一只水底大蝙蝠，张开"翅膀"飞来飞去，真好玩呀！啊哈！珊瑚礁里真有趣，不仅是美丽的海底花园，还是一个神奇的动物园呢。

珊瑚礁里的植物

珊瑚礁里的植物,主要是各种各样的珊瑚藻,有红藻、蓝藻、绿藻和褐藻,像厚厚的地毯似的,覆盖在礁块表面。有的是岩生藻类,生长在坚硬的礁岩和粗大的砾石上;有的是砂生藻类,生长在松散的泥沙上面。

我国南海珊瑚礁里的植物,比较重要的是紫菜、鹧鸪菜、海人草、麒麟菜、马尾藻、海带等。

西沙群岛的珊瑚礁鱼类

西沙群岛的珊瑚礁里,有五个生态鱼群。

1. 活动性强的中上层鱼类:有的栖息在浅水礁坪上,不会游出去,例如成群结队的条纹刺尾鱼;有的在礁坪附近活动,涨潮的时候才游进礁坪,例如游得很快的银汉鱼。

2. 近底层活泼游泳的鱼类:这些鱼的种类很多,长着五颜六色的复杂花纹,把人看得眼花缭乱。它们的身子大多很扁,像是一片片树叶,可以自由自在穿行在珊瑚丛中,或者钻进石缝里,例如蝴蝶鱼、镰鱼、尖嘴鱼、刺尾鱼等。

3. 隐藏在礁洞和石块下面的鱼类:这种鱼也很多,嘴巴大、牙齿硬,大多数白天藏着不动,晚上出去找东西吃,性情非常凶猛。例如海鳝、天竺鲷等。

4. 底栖鱼类:藏在水底或埋在泥沙里,很少运动,耐心等着小动物上钩。例如深虾虎鱼、玫瑰毒鲉等。

5. 与其他生物共生的鱼类:例如和海参共生的潜鱼,与海葵共生的双锯鱼等。

珊瑚礁里的底栖动物

珊瑚礁里的底栖动物有四大类。

1. 贝壳：珊瑚礁里的贝类多极了，只是在西沙群岛发现的，就有500多种。例如宝贝、珍珠贝、扇贝、法螺、凤螺、马蹄螺、蜘蛛螺、光壳蛤、砗磲、鲍鱼等。

2. 有孔虫：这是一种原生单细胞动物，很小很小，很难用肉眼看见。别瞧它们很小，壳里的构造却非常复杂，分隔成好几个小房间，橙壳壁上有许多小洞洞，所以叫作有孔虫。

3. 棘皮动物：包括海参、海星、海胆等。它们的外表形状多种多样，再生能力很强，身体受到损伤或折断后，还能够重新生长。

4. 节肢动物：蟹和虾，是这类动物的主要代表。以西沙群岛为例，那里就有扇蟹、梭子蟹、菱蟹、方蟹、沙蟹、蛙蟹、馒头蟹和龙虾等种类。

第26天
神出鬼没的幽灵岛

　　孩子们在海上目睹了一场火山喷发。

　　那一天，考察船正航行在一个海天茫茫的地方。闷热的天气使人无法在船舱里待着，孩子们都在甲板上乘凉。海上平平静静，和往常一模一样。

　　谁也没有想到，正在这个时候，耳畔忽然听见一阵闷沉沉的轰响，水面一下子翻腾起来，冲起一股黑色的烟柱，带着海水和许多死鱼，冲上了高高的天空。考察船正在旁边，船身猛地一震，险些使所有的人都跌了一跤。

　　这是地震吗？

　　不是的，老万大叔大声喊叫起来："小心！海底火山喷发！"

　　话还没有说完，爆炸的地方就冒出一团火焰。接着抛射出许多大大小小的滚烫的岩浆岩块，像火流星似的四处迸射。一块带着火焰的岩块落在船帆上，立刻熊熊燃烧起来。多亏老万大叔和宋跃、吴飞手脚麻利，立刻拿起灭火器浇灭了，才没有酿成更大的灾难。老万大叔赶快扳着尾舵，离开了这个危险的地方。

　　他们就这样走了吗？

　　才不呢！海底火山喷发，这是多么难得见到的事情。别人想看还看不了，怎么能够一走了之？孩子们是到海上来考察的，更加没有理由离开了。老万大叔指挥着，把船停得远远的，就留在现场监视观察。

时间一分一秒慢慢过去，孩子们耐心等待着，这场海底火山喷发终于停止了。在这个时候，他们看见了什么？

啊，他们简直有些不敢相信自己的眼睛了。想不到在喷发的地方，奇迹般冒出了一个小岛。海上还漂浮着许多多孔的黑色浮石，冒起丝丝袅袅的烟气，好像还没有燃烧干净似的。

孩子们非常高兴。因为他们目睹了一场海底火山喷发，又看见了一座新岛诞生，怎么不一个个兴高采烈呀！卢小波提议说："咱们给它取一个名字吧。"

"好呀！"罗冰说，"根据海上共同遵守的法则，发现者有命名权。咱们当然有权利和义务，给它命名的。"

给这个刚刚诞生的小岛，取一个什么名字才好呢？

王洋抢先叫嚷道："它是在火焰里诞生的，就叫火焰岛吧。"

阿颖和徐东说："这是一个黑石头小岛，干脆叫黑石岛。"

大家一听，两个名字都很好，选择哪个才好？经过了一番热烈讨论，最后才同意王洋的建议，叫作火焰岛。卢小波立刻兴致勃勃，用铅笔十分郑重地标绘在海图上。

王洋和茅妹说："咱们在岛上登陆，刻几个字，再拍几张照片做纪念好吗？"

"这可不成！"老万大叔警告他们，"这座小岛刚刚从火焰里冒出来，地皮还是滚烫的。冒失上去，准会烫坏了脚。"

说得对呀，大家抬头看，岛上和附近的海面还在冒烟呢。谁敢在这个时候上去，烤坏自己呢？只好远远给它拍了照片，才恋恋不舍地离开这里。

这样不知不觉过了半个多月，考察船在海上兜了一个大圈子，重新回到这里。

王洋说："现在咱们可以登陆了，得要好好玩一会儿再走。"

茅妹也说："我要拾一块岛上的石头带回去，作为最好的证据。"

想不到考察船开到这里一看，海上静悄悄的，一片茫茫水波，那座小岛竟不见了。

咦，这是怎么一回事？难道他们走错了地方不成？

孩子们问老万大叔。老万大叔仔细检查了海图说："没有错呀！就是这个地方。"

咦，这又奇怪了。没有弄错地方，怎么找不到他们亲眼看见从海里钻出来，又亲自给它命名的火焰岛？

大家想来想去，琢磨不透是什么原因，正紧紧抱着脑瓜使劲想，站在旁边的蓬蓬忽然没遮没拦冒出一句话："它在和我们捉迷藏呢。"

哈哈！哈哈！孩子们笑坏了。

莉莉没有笑，教训他说："你别乱插嘴，小岛不是小猫，怎么会和我们捉迷藏？"

可是陈老师却不这样想，连忙点头说："蓬蓬说得有道理，准是这座小岛自己躲起来了。"

难道小岛真的是小猫吗？怎么会自己躲起来呢？

陈老师胸有成竹地解释道："这是幽灵岛。火山喷发出现后，再一次喷发就被毁坏了。"

孩子们感到非常迷惑，真是这样吗？

老万大叔说："这太好办了，让我们来看看，它躲到什么地方去了。"

说着，他就和宋跃一起，放下一个钢绳系住的铅锤，测量出这儿的水深，只有10多米。

老万大叔说："瞧，第二次爆炸只炸掉它的'脑袋'，现在它正静静躺在水下不深的地方。没准儿什么时候再来一次喷发，它还会露出水面呢。"

地中海上的幽灵岛

1831 年 7 月 10 日，一艘轮船正在地中海上靠近西西里岛附近的海域航行，突然船员看见海上升起一团烟柱，不知道发生了什么事情。由于还有自己的事务，这艘轮船没有停留下来继续监视，就漫不经心地离开了。

8 天后，它重新经过这里。船长和水手们不可思议地瞧见海上竟出现了一座不知名的新岛。

一个月后，这座无名小岛已经变得很高了，引起了船长的兴趣。他下令进行测量，发现这座小岛已经增加到 60 多米高。船围绕着它航行一圈，测出它的周边长达 4.8 千米，已经很有规模了。航行归来后，船长立刻向自己的政府报告。

这里是航运繁忙的地方，来往船只很多。除了这位船长，别的船只也发现了它，各自发出了消息，一下子就引起了好几个国家的注意，他们根据各自的理由，都想争取这座小岛的归属权。有的派出军舰，有的提出外交照会，争吵得不亦乐乎。

想不到正在争论不休的时候，这座小岛却像来时一样，不声不响悄悄消失了。时间隔久了，人们也渐渐把它遗忘了。

这座神秘的小岛永远消失了吗？

不，想不到后来它又出现过好几次。最后一次是 1950 年，每一次都是突然出现、突然消失，好像是幽灵一样，所以叫作幽灵岛。

这座幽灵岛是怎么生成的？毫无疑问是海底火山喷发造成的，以后经过再次喷发被破坏，或者被海流冲刷消失了。也有人认为是地壳升降的结果，至今还没有最后的结论。

北冰洋上消失的陆地

许多年来，住在西伯利亚北部的居民中间，就流传着北方冰海里有一块神秘的陆地的传说。据说，有人瞧见成群的鸟儿春天往北飞去，秋天又飞回来。还有一些鹿群也沿着冰封的海洋向南迁移。北方是茫茫的北冰洋，怎么可能有鸟兽栖息？那里必定有一个神秘的陆地。

为了探寻这个未知的陆地，有人组织了一支支考察队伍，冒着北极风雪到北方去寻找，果然找到一些无人居住岛屿。在有的荒岛上，还发现了远古遗留的猛犸象牙，还有一些早已绝灭了的古代动物化石。由此可见，这些陆地的历史非常悠远。考察队员很高兴，给这些岛屿一一取了名字，绘画在地图上。

想不到，过了许多年，其中一些岛屿竟消失得无踪无影，这是怎么一回事？人们认为这也是一种幽灵岛。有的可能是在北冰洋上漂浮的巨大冰岛，风把尘沙吹来盖在冰面上，鸟粪里的植物种子在这里发芽生长，引来了一些鸟兽活动，后来冰融化崩解了。有的可能是一块块沙洲，后来由于频繁的冰冻解冻作用和海流冲蚀而逐渐消失。

第 27 天
连接海洋的"水巷子"

孩子们乘坐的帆船在大海上兜了一个圈子，把沿岸风光看得发腻了。王洋叹了一口气说："老是在这儿兜圈子多没有劲儿，到别的海上去玩一会儿吧。"

卢小波说："好呀，咱们就到另一个海去吧。"

从这个海到另外一个海，怎么样才能够过去？

卢小波大大咧咧地说："穿过一道水巷子就得啦。"

水巷子，这是什么东西？

王洋想，那一定是海水中间的一条巷道。他看过北冰洋考察的电影，会不会是跟随着一艘破冰船，在两边的冰块中间开出一条航道，就是水巷子了？

茅妹想，会不会是一条在礁石中间的水道？

蓬蓬天真地猜测，是不是从水下面钻过去，头顶和四面八方都是海水，才叫作水巷子。

卢小波告诉他们："别瞎胡乱猜啦，到了那儿你们就知道了。"

卢小波不是船长，这是他决定的吗？

是不是他胡诌的神话？

都不是的，这是陈老师和老万大叔商量好了的行动计划。卢小波是小伙伴们的"头儿"，当然就从他们那里最先获得消息了。为了这个行动，陈老师让他先准备好有关海峡的资料，到时候才可以向大家好好讲一下呢。

走呀走，终于来到目的地了。

卢小波对大家说："现在我们就要穿过水巷子了，大家可要注意看呀。"

听说要穿过一个水巷子，到另一个陌生的海区去，小伙伴们早就按捺不住了，齐刷刷挤在甲板上，等待着向往中的水巷子和另一个大海的来临。

看呀看，他们终于在浩渺无边的海平线上，眺望见两块陆地的影子了。越来越近了，可以清楚看见中间有一条水道。

卢小波指着它说："这就是我们将要经过的水巷子。"

呸，说得神秘兮兮的什么水巷子，原来是一个海峡呀。

两边是陆地，中间是水道，这不是海峡，还会是什么？

王洋气愤地说："海峡，就是海峡，为什么用古里古怪的名字来哄骗我们？"

茅妹也说："我早就知道海峡了，还需要你多说吗？"

哇，小伙伴们全都哈哈笑了。笑的是卢小波真会开玩笑，竟把普通的海峡换了一个名字，就使大家迷惑了好一阵子。

卢小波却没有笑，一本正经地说："水巷子这个名字没有错。依我看，它比海峡更加符合实际情况呢。"

哈哈！哈哈！谁也不管他怎么辩解，还是当成一个有趣的笑话。

大家正说笑着，帆船顺着一股风，已经航行到海峡的进口了。站在甲板上看得更清楚，两边的山丘，中间的水道，来往穿行的船只，全都看得明明白白。

嗯，水巷子，倒真有几分市镇里的狭窄巷子的意味呢。

瞧着面前的海峡，茅妹不由冒出来一个问题，它是怎么生成的？

卢小波反问她："你说的是咱们面前这个海峡，还是世界上所有的海峡？"

茅妹说："就先从这个海峡说起吧。"

卢小波看了一下告诉她："看样子，这是中间沉陷下去的吧。"

王洋问他："你这样说，有根据吗？"

卢小波不好意思地低下了头，回答道："这是我猜想的。"

哈哈！哈哈！胡猜乱想也能够当成答案吗？

大家正在哄笑中，想不到陈老师却发言支持卢小波的意见说："他猜对了，这个海峡发生在断裂构造基础上。真的是两边的地块隆起，中间沉降造成的。"

王洋不服气地说："他是蒙的。"

陈老师说："先别马上下这个结论。让我们听他说，是怎么猜出来的吧。"

说着，他把目光转向卢小波。卢小波才红着面孔慢慢说："我瞧见这个海峡两边的山根排列得都非常整齐，平直得好像一条线。中间的水道也很直，所以才猜想是顺着一个断裂带发育生成的。"

"你说对了，"陈老师点头说，"这正是断裂构造的地貌特点，可以先做这个推测。但是自然界的情况非常复杂，是不是真是这回事，还必须上岸，沿着海峡认真仔细考察才能得到最后的结论。"

茅妹问："除了这个原因，形成一个海峡，还会有什么可能性呢？"

陈老师反问大家："你们知道印第安人的祖先，是通过什么路线进入美洲大陆的吗？"

"当然知道呀，"罗冰说，"在冰期时代，由于海面下降，出现了一道白令陆峡。他们是从亚洲东北部，踏着这个狭窄的陆峡走进美洲大陆的。"

"是的，"陈老师说，"冰期时代的世界大洋海面比现在低得多，沿海许多岛屿都和大陆连接。冰期结束后，海面上升，淹没了许多地方。白令陆峡就在这个时候，被海水淹没，成为今天我们看见的，分开亚洲和北美洲大陆的白令海峡了。"

还有什么海峡也是这个成因？

阿颖抢着说："台湾海峡也是这个原因造成的。"

徐东讲："还有渤海海峡，都和冰期以后海面上升，淹没了中间的陆地有关系。"

茅妹最后问："海峡有什么用处？"

卢小波连忙说："这就是我先前说的水巷子。它们和市镇里的巷子一样，虽然很狭窄，却能够沟通邻近的海洋，是海上交通的咽喉。"

记住海图上的每一个海峡吧。掌握了它们的位置和连接的海洋，以及长度、宽度和深度，驾驶船舶在海上航行，找到捷径就更加方便了。

世界著名海峡

所在地方	位置与连接的海洋	长度（千米）	最大深度（米）
莫桑比克海峡	东非 印度洋	1670	3520
德雷克海峡	南美洲 大西洋－太平洋	300	5248
马六甲海峡	太平洋－印度洋	1080	150
麦哲伦海峡	南美洲 大西洋－太平洋	592	1170
台湾海峡	中国 东海－南海	380	1680
朝鲜海峡	东北亚 日本海－东海	300	228
渤海海峡	中国 渤海－黄海	105	约80
直布罗陀海峡	欧洲、非洲 地中海－大西洋	90	1181
琼州海峡	中国 南海－北部湾	80	114
英吉利海峡	西欧 北海－大西洋	560	172

第28天
"水胡同"峡湾

这里是距离北冰洋很近的一道海岸。

这儿虽然离北冰洋还有一段路，可是孩子们已经明显感受到阵阵凛冽的寒风迎面扑来，它们告诉这些从远方前来拜访的孩子，北冰洋已经不远了。阵阵寒风，就是北冰洋预先递交的一张名片。

海上生活非常寂寞，一下子瞧见了陆地，孩子们感到非常兴奋，全都拥到甲板上抬头观赏眼前的异域风景。

这是一道岩石嶙峋的海岸，没有平铺的沙滩，也没有宽展的海蚀平台，甚至在延续很长的海边，连一丁点儿可以容脚的巴掌大的地方也没有。

这也没有、那也没有，到底是什么样子的？

看啊，这里的岩石海岸非常陡峭，好像是一道长长的岩石屏风，笔直插进海水，在陆地和海洋之间不留一丁点儿缝隙。一股股狂暴不羁的海风，紧紧贴着水面吹到这儿，一下子被坚硬的岩石墙壁挡住了，没法再往前进一步。一阵阵被风驱赶着的波浪，疯狂地冲撞它，也没法闯出一条出路。

这里真的没有出路吗？

有的！老万大叔小心翼翼掌着舵，指挥宋跃和吴飞驾驶着帆船，紧贴着海岸航行。走不多远，忽然发现一个缺口。

这是一个宽阔的海湾吗？

不是的。

这是一个通往另一个海洋的海峡吗？

也不是的。

孩子们抬头看，只见面前出现了一道深邃的峡谷，两边同样陡峭挺拔。谷内装满了海水，汹涌的波浪拍打着石墙，在空荡荡的山谷里发出一阵阵回响。

啊，这到底是什么东西？

王洋猜测说："没准儿这是一条大河的出口吧。"

他这样猜有道理，因为这道峡谷从眼前的海边，一直伸进内陆，转了一个弯，就看不见里面的情形了。说它是一条河流的河口，似乎一点错也没有。

茅妹猜："这是不是海的一部分？"

她这样讲也有一些根据。因为世界上的海岸地形千变万化，谁敢一口咬定，大海不能伸进陆地的深处，造成这个样子的特殊海湾呢？他们谁说得对？这个奇怪的峡谷到底是一条河的出口，还是一个特殊的海湾？

卢小波说："都别争啦，咱们进去看一下吧。"其实，他不说，大家也都这样想。面对着这个神秘的海边的峡谷，谁不想走进去仔细看个明白呀？

老万大叔轻轻转动了一下握在手里的舵柄，命令宋跃和吴飞牵动帆绳，船就慢慢转了一个弯，沿着这个古里古怪的"水胡同"，笔直驶进去了。

为什么说它是一条"水胡同"？

因为它好像是深深切割在岩体里面，外表形态的确和胡同一模一样啊。

老万大叔和两个年轻的水手驾驶着帆船，沿着它走了很久很久，已经深入陆地好几十千米了。放眼一看，周围的地形还是这个样子，一点也没有变化。

它的外形没有变化。从头到尾，都是同样的两边陡峭，中间装满了水的"水胡同"形状。

它的宽度没有变化。从头到尾，被两边的陡崖紧紧约束住的水道都是一样宽。这个"水胡同"到底是什么东西？

王洋还咬紧牙关说："当然是一条河呀！如果不是一条河，怎么能伸展得这样长？"

茅妹也咬紧了原来的话头不放，说："我说是海湾，就是海湾。不可能是别的东西。"

他们这样说，别的小伙伴怎么想呢？

瞧着这副模样，大多数伙伴都赞成王洋的意见。只有蓬蓬是茅妹的小跟班，老是跟着她跑，当然支持她的说法，他闭着眼睛瞎嚷道："茅姐姐说的不会错，你们都错啦。"

大家转身问学问渊博的陈老师、经验丰富的老万大叔。

老万大叔挺神秘地眨了一下眼睛说："别性急，一会儿就到头了，到时候再说吧。"

陈老师微微笑着说："老万大叔说得对，不看完这个峡谷，怎么知道这是什么东西呢？"

不一会儿，这条峡谷真的到了头，大家抬头一看，不由一下子傻了眼。只见峡谷的尽头连接着一道同样宽阔幽深的谷地，一直通向一座高耸的雪山。

这里没有河流进来，也没有海上的波浪拍打崖壁。

老万大叔指挥宋跃打了一桶水，让孩子们品尝一下。

性急的阿颖和徐东抢着喝了一口，连忙皱着眉头吐出来，嚷道："呸！怎么和海水一样又苦又咸，这样难吃？"

王洋不相信，自己走去喝一口，也忍不住哇的一下吐了出来。

吃了苦头的阿颖和徐东问王洋："你说是一条河，河水怎么会是咸的？"

这一来，茅妹高兴了，得意扬扬地说："我早就说过吧，这是一个特殊的海湾。如果不是海湾，水怎么是咸的？"

到了这个时候，老万大叔和陈老师才开始发言。老万大叔说："这样的地形，我见得太多了。欧洲的挪威和冰岛海岸，北美洲的加拿大东北部海岸，都有这种玩意儿。"

陈老师说："这不是一条河，也不是大海的一部分，是古代冰川刨蚀形成的峡湾。"

峡湾是怎么生成的？陈老师描绘了一幅图景。

在遥远的冰期时代，这儿是冰雪的王国，一条条银色的冰川从山里流出来，刨蚀形成了宽阔幽深的冰川谷。因为它的横剖面很像拉丁字母"U"，所以又叫 U 谷。一条又一条冰川谷伸展到了海边，后来冰川融化了，海水漫溢进来，就灌满了古冰川谷，生成了这种景色奇特的峡湾。

峡湾的地形是陆地上的冰川刨蚀形成的，里面的水却是外面灌进来的海水。所以它在陆地内部延伸很远，水却是咸的，

这一来，茅妹得意了，笑嘻嘻地说："我早说过吧，这就是一个海湾，是大海的一部分。"

蓬蓬也笑哈哈嚷道："茅姐姐赢啦！我们赢啦！"茅妹是不是真的说对了？王洋不服气地说："这儿已经距离大海很远了，没有海的形状，也不像通常的海湾，只是一个崖壁缝里的'水胡同'，怎么能够算是海的一部分？"

茅妹得势不饶人，反问他："不是海的一部分，水怎么会是咸的？你说它和大海没有关系，有本领就再喝一口水呀！"

王洋争论说："这是古代冰川谷，不是大海生成的地形。"

茅妹辩解道："不管你怎么说，反正峡湾里面的水是咸海水。"

请问，他们到底谁对谁错？大家认真评判吧。

峡　湾

　　荒凉的峡湾，也有历史故事吗？

　　当然有啰！挪威的峡湾多极了。中世纪的时候，剽悍的北欧诺曼海盗就用峡湾做巢穴，悄悄藏在里面，在海上四处骚扰，官军想找他们，也见不着影子。第二次世界大战时期，德国法西斯占领了挪威，自以为了不起。想不到勇敢的挪威游击队利用曲折幽深的峡湾地形，神出鬼没狠狠打击德国军队。德国军队吃了亏，想抓他们也抓不到。德国军队在海上打不过盟军强大的舰队，乘一艘军舰夹着尾巴躲进峡湾，想逃避正义的打击。想不到他们的一举一动都被挪威人民看得清清楚楚，立刻发电报报告盟军。盟军飞机赶来，把军舰炸沉在深深的峡湾里。

　　挪威的海上航运非常发达，也和峡湾有关系。它有成百上千条峡湾，每一条都是水深港阔的最佳港口。挪威有这样多的天然港湾，海上航运业当然就非常发达了。

第 29 天
漂浮的冰山

海上黑沉沉的，没有一丁点儿亮光。经过了一天的航行，孩子们都疲倦了，一个个都倒在床上，睡得非常香甜。陈老师走进舱室查完了铺，瞧见孩子们都睡在床上，就放下了心，自己也回房间去睡了。

黑暗中，他没有看清楚，床上少了两个孩子。

少了两个孩子，怎么会没有看清楚呢？

原来这两个孩子玩弄了一个花样，用衣服做了一个假人塞进被窝，自己却悄悄溜上甲板去玩了。

这是谁？

原来是蓬蓬和茅妹。他们不想睡，还想再玩一会儿。为了达到目的，就用了这个诡计，骗过了陈老师。

大家都睡着了，他们悄悄钻出来，藏在甲板上一个偏僻的角落，边看黑沉沉的大海、边悄悄讲故事。

蓬蓬问："咱们什么时候才能到岸呀？"

茅妹说："我也在琢磨这个问题呢。如果咱们能够遇见一个荒岛，过几天鲁滨逊的日子才棒呢。"

唉，海上有那样多的荒岛，为什么他们不能遇见一个？实在太遗憾了。

正说着，蓬蓬忽然喊叫起来："瞧呀！一个小岛朝我们漂过来了。"

茅妹连忙抬头一看，可不是吗。黑暗中，真的有一个黑乎乎的东西，比船大得多，真的像是一个小岛。在水上一颠一簸的，朝着他们的帆船漂了过来。

小岛怎么会在水上漂呢？会不会看花了眼睛？

茅妹使劲拭一下眼睛，再仔细一看。没有错啊，真的是一个比船还大的东西呢。海上还有什么东西比船大？准是一座小岛无疑了。

"啊呀！这儿有一座小岛。"他们看清楚了，忍不住大声呼唤起来。

喊叫声惊动了尾舵棚下的老万大叔，他连忙抬头一看。不看不知道，一看大吃一惊。只见这个小山一样的黑影随着波浪漂浮，正从右舷边逼近了帆船。

这哪里是什么小岛，海上的小岛怎么会顺水漂流？

再仔细一看，他吓得立刻就出了一身冷汗。

天哪，这是一座可怕的冰山呀！冰山已经逼近了。现在不仅可以清楚望见它的轮廓，还能感受到从它的身上散发出的一股寒气。

老万大叔连忙用力扳着舵柄，使劲转向一边，大喊一声："冰山来了！"

可惜他的动作还是慢了半拍。巨大的冰山和船身挨擦了一下，撞得船身不住地剧烈摇晃。茅妹稳不住身子，跌了一个跟斗。蓬蓬站不住，险些顺着倾斜的甲板一骨碌滚下大海。正在这个节骨眼儿上，宋跃和吴飞听见了老万大叔的呼喊，不知从哪儿钻了出来。宋跃一手抓住一个孩子，吴飞用身体堵住他们滚落的去路，才没有使他们落下海。

剧烈的震动，使每个人都惊醒过来了，好几个孩子从床上滚落下地板，有的哭、有的叫，乱成了一团。陈老师顾不上自己没有穿鞋子，一股风似的冲进孩子们睡的房间，紧紧搂着孩子们，一一清点人数，这才发现少了两个孩子，急得不知道怎么才好。

忙乱中，他对卢小波说："你好好照顾着伙伴们，我去找茅妹和蓬蓬。"

说完了话，他就飞快冲出舱室，正好和护着两个孩子回来的宋跃撞了一个满怀。

"外面发生了什么事情？"他问宋跃。

"冰山！"宋跃的脸色铁青，只来得及说出两个字。

天哪！船在黑夜里撞上了冰山。

陈老师的脑袋一下子就晕了，心里乱糟糟的。慌乱中冒出来的第一个想法，就是从前看过的一部电影。

啊，泰坦尼克号的悲剧，岂不正好是这样发生的吗？

难道这艘满载孩子的帆船，将会成为泰坦尼克号第二？

如果真是这样，他怎么回去向孩子们的家长交代？

低头看见两个被送回来的孩子，他的心才平静了一些。连忙伸手搂着他们，不知道应该高兴，还是狠狠责备他们一下才好。

两个孩子已经吓得脸色刷白了，扑在他的怀里只知道呜呜哭泣，一句话也说不出来。

宋跃对陈老师说："别怨他们。今天晚上如果没有他们及时报警，情况还不知道会怎么糟糕呢。"

说得是，今晚茅妹和蓬蓬没有遵守纪律，按时上床睡觉，应该受到批评，但他们却在黑夜中发现了海上漂来的冰山，立下了头号功劳，可以将功抵过，真的应该嘉奖他们反应极快的机警行动才对。不消说，老万大叔果断地扳动舵柄，及时躲开了冰山的碰撞，也是避免一场可怕的海难发生的重要原因。

海上的波涛还在汹涌起伏着，那个黑乎乎的冰山挨擦着船身顺水漂走了，越来越远消失在夜海中，彻底解除了威胁，大家这才长长地松了一口气。一阵骚乱过去了，要检查一下船上的损失。

宋跃和吴飞报告，一个挂在外面的木桶撞飞了，舷边撞了一个大窟窿，好在是在吃水线以上，没有涌进海水，可以及时修补。别的什么也没有损坏，真是不幸中的大幸。

陈老师问老万大叔：“有什么大问题吗？”

老万大叔摇了摇头说：“谢天谢地，多亏两个孩子报告及时，没有太大的损失。”

陈老师又问：“需要我们帮忙做什么事情吗？”

老万大叔又摇了一下头说：“谢谢你，有的事情你们也做不了。你带孩子们回去休息吧，有什么事情，我会通知你们的。”

经过了这一场折腾，孩子们可睡不着，谁也不愿意乖乖地回去睡觉，缠着陈老师和老万大叔，非要留在甲板上看一下不可。

王洋说：“我们不会修船，可以帮着递一把榔头、一根钉子呀，总能帮助水手叔叔做一点事情的。”

茅妹请求道：“不看见船修好，我们也睡不着，干脆让我们待在旁边看一会儿吧。”

阿颖和徐东说：“有一座冰山，就可能还会有第二座。水手叔叔修船，没有时间监视海上。我们的眼睛尖，就让我们在甲板上监视海上的情形吧。”

卢小波也说：“我们不是普通的乘客，是来学习航海技术的。现在正是学习的好机会，怎么能够让我们回去睡大觉呢？”

孩子们你一言、我一语，说得头头是道，陈老师和老万大叔想反驳也一时找不出理由。两个人只好相对望一眼，无可奈何点了一下头。

黑暗中，老万大叔微微绽露出一些笑容赞许说：“真有你们的！长大了，一定可以做好水手。”

陈老师也皱着眉头叹了一口气说：“好吧，你们就留在甲板上。可是必须分好组，严格遵守纪律，不许乱跑乱动。”

“好啊！”

“真棒呀！”

有了陈老师这句话就够了，孩子们不由齐声欢呼起来，立刻就分了工，像真正的见习水手似的，各就各位执行自己的任务。

卢小波带领两个小伙伴在船头值班，莉莉一组在左舷，罗冰一组在右舷，一双双尖利的眼睛在黑沉沉的海上扫来扫去，警惕地注视着夜海上的一切动静。

郑光伟是孩子们中的大力士，自告奋勇给修船的水手叔叔做下手，帮着传递工具，也忙得团团转。

陈老师到处巡察，检查孩子们值班的情况，随时纠正他们的错误，防备出现新的安全问题。

事实证明这样安排是正确的。帆船不知不觉驶进了北方海洋上冰山群漂浮的地带，这一夜除了那座险些撞上船身的冰山，还在船头船尾和左右两舷，发现了好几座大大小小的冰山。有的隔得远、有的隔得近，有的横着漂来、有的竖着顺水漂过去，有的危险、有的不算危险，全都被守望的孩子们一一及时发现，尖声大叫发出了警告。老万大叔操着舵柄东摇西晃，灵活地避开了一个个险情。

"好样的！你们长大了，准是了不起的海鹰。"他忍不住开口称赞及时报警的孩子。

宋跃和吴飞也夸奖郑光伟："嗨，看不出这个孩子还懂得一点木工活，给我们帮了大忙。"

孩子们虽然一宿没有合眼，全都累得熬红了眼睛，却没有一个人叫苦叫累，全都非常兴奋。

王洋亢奋无比地说："这样忙乎一个晚上，才算真正体会了海上的艰苦生活。要不，我们出海来干什么呀！"

阿颖和徐东说："我们发现了七八座冰山，这真是难以想象的事情。"

蓓蓓也说："冰山散发出来的冷气几乎冻坏了我的面孔，简直比坐在电影院里看《泰坦尼克号》还逼真。"

蓬蓬也翘着冻红了的小鼻子，非常兴奋地说："我也看见了几个冰山。可惜隔得太远，没法跳上去玩一会儿。"

天色渐渐发白了，一轮灰红色的太阳仿佛也被冻坏了，慢吞吞地从海平线上升起来。海上的夜雾慢慢散开，能见度提高了许多。这时候，大家才真正看清楚了海上的情形。

不看不知道，一看吓一跳。啊呀！只见帆船已经驶进了一片到处都是浮冰的地方，远远近近到处都是亮闪闪的大小冰山。

不能完全说是帆船漂进了冰山群，而是顺流漂来的冰山群漂到了船边。一座接连一座，数也数不清。

这些冰山是什么形状？

啊，说不清楚它们的真实形状。有的像城堡、有的像小山，一个个奇形怪状的，没法用言语叙述清楚。

茅妹不禁提问："这些冰山是从哪儿来的？"

老万大叔告诉她："我们已经接近北冰洋了，冰山就是从那里漂来的。"

啊，北冰洋。听着这个散发出阵阵冷气的名字，蓬蓬就忍不住喊叫道："如果上面趴着一只北极熊就好啦！"

他使劲拭了一下眼睛，没有找到北极熊，却瞧见几只海豹趴在冰上，好奇地紧紧盯住他们，一点也不知道害怕。

大家仔细看冰山，只见它们带棱带角的，真的像是一座又一座漂浮在海上的小山，如果被它们撞一下，必定不会有好结果。难怪当年泰坦尼克号那样的大轮船也经不住冰山的碰撞，一下子就沉下了海底。

茅妹望着漂到面前的一座大冰山，不由倒抽一口冷气说："啊呀，这座冰山真大，不知道有多重。"

站在旁边的王洋说："这太容易计算了。只消计算出它的体积，乘以冰的比重，就能够算出它的重量了。"

冰山都是不规则形状的，怎么测量它们的体积呢？

王洋说："如果咱们不是出于特别的需要，算出它的近似值也成呀。"

眼前的这座冰山的近似体积怎么计算？

王洋说："你看吧，它好像是一座水上金字塔，就把它当作是一个立锥体来计算吧。"

这个公式是这样的：

底面积 /3× 高＝立锥体体积

底面积和高都容易测量，很容易就算出了它的大致的体积。再乘以冰的比重，就算出这座冰山的重量了。

他们算对了吗？

"不，"老万大叔摇头说，"错啦，它的真实的体积和重量都比这大得多。"

咦，他们怎么会算错了？

老万大叔告诉他们："一座冰山露出在水面上的部分并不大，藏在水下的部分大得多。"

噢，原来王洋和茅妹只计算了冰山的水上部分，忘记了藏在水下的部分，当然就没有算出它的真实的体积和重量。

茅妹问老万大叔："冰山的水下部分有多大？"

老万大叔说："不同形状的冰山，水下部分占的比重不一样。"

是啊，从前人们估计，冰山水下部分好像房子的基础一样，所占的比例很大。而且不管什么形状的冰山，都把水下部分当成是同样的情况。现在才逐渐弄明白，不同形状的冰山，水上水下部分所占的比例不一样。

一般来说，冰山大约有90%的体积藏在水下，因为冰的密度大约是水的密度的90%。其中，平顶冰山比尖顶冰山的水下部分大得多。

茅妹好奇地问："为什么有的冰山是平顶，有的是尖顶呢？"

老万大叔说："这和它们的来源有关系。北半球的冰山有许多是流淌进大海的陆地冰川的断块，所以个儿不大，形状常常也变化很大。南半球的冰山，几乎全都是从南极大陆沿岸的巨大冰棚断裂生成的。冰棚本来就是平的，所以生成的冰山也是平顶的。"

王洋一下子明白了，恍然大悟说："噢，原来冰山的形状，还显示了它们的出身地呀。"

茅妹接着再问："世界上最大、最高的冰山，有多大？多高？"

老万大叔说："冰山随时都在生成，随时都在消失，这可很难一下子说清楚了。不过，过去有人测量过一些冰山，还是可以作为例子。"

他随手写了几个有名的大冰山。

有一艘破冰船在南极大陆附近发现了一个大冰山，有350千米长、40千米宽，大约有14000平方千米大。把中国的青海湖、鄱阳湖、洞庭湖和太湖加起来，也装不下这个巨大的冰山，真够大啊。

1956年，人们发现了一座333千米长、96千米宽、450米高，面积达到32000平方千米，只比海南岛小一丁点儿的特大冰山。1986年，一个差不多同样大小的冰山，以每小时2千米的速度直朝南美洲漂去，引起人们注意，人们给它取名叫作"拉松185"，连忙对它进行密切监视，生怕造成可怕的灾难。

北半球的冰山虽然没有这样大，但也不小。有人在加拿大北方的巴芬岛附近发现过一座冰山，也有10千米长、5千米宽，个儿也不算小呢。

北半球的冰山有的非常高。根据使用仪器实测的统计资料，超过100米高的冰山，一点也不罕见。有人据目测估计说，还见过400多米高的冰山，高高耸立在海上，真的像是一座山。

南半球的冰山最高的，一般只有90米左右。

王洋感兴趣地问海上经验丰富的老万大叔："您见过冰山生成的情景吗？"

"见过呀，"老万大叔说，"我在北美洲的格陵兰海边，就亲眼见过一座冰山诞生的情形。"

说着，他就怀着浓厚的兴趣，回忆着那座冰山生成的一瞬间。

"那是一条笔直伸展到海边的巨大冰川生成的，"他回忆说，"我只听见轰的一声，就瞧见冰川前缘断裂开，一块巨大的冰块迅速滑落进海里，海水起伏动荡着，一座银光灿亮的冰山就漂浮在水上了。"

听他这样讲，王洋和围在身边的孩子们更加产生兴趣了。阿颖和徐东也插嘴问："有没有人认真算过，每年到底能产生多少冰山？"

老万大叔想了一下告诉他："我在格陵兰遇见一个地质学家，他对我说，只是从那儿，每年就可以由于冰川断裂，生成上万座海上冰山，如果加上别的地方的就更多了。有人计算，每年进入大海的冰山大约有20万—30万座，其中80%都是从南极大陆来的。"

王洋再问："海上除了冰山，还有别的漂浮的冰吗？"

"有呀，"老万大叔说，"在北冰洋和南极大陆附近，除了冰山，还有许多浮冰。"

冰山和浮冰有什么差别，是不是只是个儿大小不同？

老万大叔解释说："一般来说，直径小于 10 米的冰块就是浮冰。冰山的个儿比它大得多。"

王洋继续问："冰山和浮冰的差别，只是大小不同吗？"

老万大叔微微摇了摇头说："也不全都是这样的。有的浮冰是冰山破裂或者消融的结果，但是更多的浮冰却是海水直接冻结生成的，和冰山没有一丁点儿关系。"

王洋继续提问："浮冰和冰山还有什么差别？"

"它们的含盐度，"老万大叔说，"由于冰川常常是大陆冰川或是陆架冰断裂形成的，所以主要是淡水成分。浮冰是海水冻结形成的，就有明显的咸味。"

茅妹担心地问："冰山会给来往船只造成危险，有没有办法预报？"

"可以呀，"老万大叔说，"自从 1912 年泰坦尼克号被冰山撞沉以后，人们开始注意冰山对海上航行的影响，组织了国际冰情巡逻队，使用飞机、船只和无线电定位的方法，监视冰山活动的情形，向来往的船只报告。现在还使用了卫星观测系统，预报更加精确了。"

监视冰山活动，需要了解冰山的漂移速度。

老万大叔说："冰山漂移和风浪有关系。一般情况下，冰山漂流的速度不超过每昼夜几海里。遇着特别强烈的风，可以达到 50 海里左右。"

茅妹又问："冰山遇着热带阳光会融化，向南面可以漂移多远？"

老万大叔说："有人在北纬 30 多度的百慕大和亚速尔群岛附近，还见过北方漂来的冰山残块，可见它们漂移的范围还很远呢。"

茅妹最后问："冰山只会给人们添麻烦，有没有用处？"

老万大叔说："当然有啰。一些缺水的沙漠国家，已经考虑拖运巨大的冰山送水。请你想一下，如果把一座巨大的冰山拖到这儿，即使沿途蒸发损失一些，也还有许多固体清水，可以供给多少人喝呀！"

绿色的冰山

冰山都是无色透明的，有绿色的冰山吗？

有的，常在海上航行的水手，很多人都见过这种颜色的冰山。为什么会有绿色的冰山？

科学家发现这种冰山的上层是海水冻结的，下层是陆地冰川形成的，微微发出一丁点儿淡绿色。当它从冰架断裂落下海的时候，受到惯性的作用，有时上下会翻转过来，上面就露出绿色来了。

泰坦尼克号的悲剧

1912 年 4 月 10 日，英国南安普敦港口人山人海，欢送当时世界上最大的豪华客轮泰坦尼克号启程开往纽约的处女航。船上的人得意扬扬，码头上的人露出无限羡慕的目光。这艘排水量达到 45000 吨、全长 271 米、被认为永不沉没的巨轮，在一片欢呼声中缓缓驶出港口，洋溢着一派欢乐的气氛。

谁也没有想到的是，在出航后的第四天，它就在北大西洋的纽芬兰附近遇到浓雾，能见度只有 200 米左右，夜晚气温也迅速下降。这时候，无线电报务员收到了附近一艘船发来的警告，海上出现了危险的冰山。半夜 11 点多，操舵的水手忽然发现前方出现一个漂浮的东西，正朝着泰坦尼克号漂过来。不一会儿就漂到了近旁。天哪！想不到竟是一座有 40 多米高的巨大冰山，比这艘轮船还高呢。

只听见轰的一声，冰山就斜撞在船身上，把舷板划开了 100 多米长的一个大口子。船舱立刻进了水，船身渐渐歪斜，翻沉进冰冷的大西洋。由于船上的救生艇不够，附近的船只赶来救援不及，造成 1522 人遇难的悲剧，成为人们永记不忘的一次特大海难。

第30天
拜访北冰洋

今天的目标是北冰洋。

提起北冰洋，孩子们就激动起来了，一下子想起无边无际的冰雪世界、北极熊、因纽特人，巴不得立刻就赶到那儿，好好看一下，再拍几张照片带回家，在爸爸、妈妈和没有来过的小伙伴面前臭美一下。大家都一窝蜂拥到船头抬起脑袋望呀望，看谁有运气，第一个看见神秘的北冰洋。

可是他们望呀望，老也望不见向往中的这个铺满冰雪的冰海，不禁有些失望了。有的孩子开始抱怨起来，是不是走错了方向？

正在这个节骨眼儿上，老万大叔忽然手指着远处说："瞧吧，前面就是北冰洋。"

孩子们连忙拭一下眼睛仔细看，却什么东西也没有看见。海，依然是波涛翻滚的海，哪有冰雪覆盖的北冰洋的影子？

茅妹感到有些怀疑，悄悄说："老万大叔是不是骗我们？"

老万大叔听见了，告诉她："这是真的，我没有骗人。"

咦，这可奇怪了。孩子们的眼睛最尖利，全都没有看见北冰洋的影子，花白头发的老万大叔怎么会看见，莫非他是千里眼吗？

老万大叔呵呵笑了，指着远处低低的云层说："看吧，那就是北冰洋大冰盖传来的消息。"

啊，他说什么？茅妹和周围的孩子们全都不相信自己的耳朵了。北冰洋在下面，怎么会跑到云里去了？

老万大叔是不是喝醉酒了？

他是不是故意开玩笑？

大家怀着很不理解的心情，转身望着他，期望从他的身上看出疑点。想不到他却一本正经，一点也不像说笑话的样子。

老万大叔解释说："你们仔细看呀，前面的云层底部散发出一些白色的微弱光辉。这就是冰海的反光，叫作'冰映光'。从它的存在，就可以判定北冰洋已经不远了。"

啊，原来是这么一回事。孩子们半信半疑，等待着事实证明。

船越驶越近了，接着再往前行驶了一会儿，可以瞧见低低的云层底部的"冰映光"越来越清晰。再过一会儿，果真就看见前面白茫茫一片。傻瓜也知道，现在已经到达北冰洋了。孩子们这才从心眼儿里佩服老万大叔，他的海上经验真丰富呀！北冰洋上，铺满了银光闪烁的冰块。

噢，这个说法不够准确。这些不是普通的冰块，而是一大片雪白的冰盖。遮盖住海面，让人看不见下面的海水。放眼看去，好像是一片望不见边的铺满了冰雪的"陆地"。

真的是一个完整的巨大冰盖子，盖住了整个北冰洋吗？

也不是的。这些浮冰并不是连片分布，中间还有狭窄的冰沟穿插，也有一些冰窟窿散布在其间，所以就形成了一处处冰棚和一片片大小不一的浮冰，漂浮在冰冷的海上。

要想进入北冰洋，乘坐帆船是不行的。孩子们在陈老师和老万大叔的带领下，搭上一艘破冰船，慢慢破开挡路的冰块，朝着北冰洋中间缓缓前进。啊，破冰船，听着这个名字，孩子们就能够想象出它的主要功能，必定就是破开挡路的冰块了。

破冰船是怎么破冰的？

王洋猜："它的船头必定有一把钢锯，才能够破开坚硬的冰块。"

茅妹猜："没准儿它是用加热的方法，慢慢融化横在船头前面的冰块吧？"

阿颖和徐东猜："它的船头一定很尖，像刀一样切开冰块。"

他们谁说得对？

老万大叔说："你们都别胡猜了。破冰船不是锯开冰块，不是切开冰块，也不是用热力融化冰块。"

这也不是、那也不是，它到底用的是什么方法破冰？

老万大叔说："我也不用多说，你们自己看吧。"

孩子们看见了什么？在海上浮冰很多的时候，它像推土机一样，用船头把冰块推到两边，中间就开辟出一条航道了。

茅妹看了说："噢，原来它的工作这样简单。我用一个铁扫帚，也能够做到。"

破冰船在新开辟出来的航道里缓缓航行着，前面遇到一大片冰棚，没有办法推开了，怎么办才好呢？

船长举起望远镜仔细观察，发现一条冰缝，就指挥破冰船对准这条缝使劲往里挤压。用力挤了一会儿，冰缝渐渐扩大了，硬开出来一条航道。

茅妹说："啊，原来硬着头皮往里挤也成呀！"

破冰船接着往前走，前面的冰棚更加坚固完整，一条缝也找不到了，船长就指挥着破冰船用船头硬撞。

茅妹有些害怕了，问船长："不会把船撞坏吗？"

船长安慰她说："放心吧，破冰船的船头特别牢固、特别硬，不会撞坏的。"

茅妹细细一想，钢铁当然比冰块硬，硬的碰软的，硬的东西总不会吃亏，这才长长舒了一口气说："喔，想不到破冰船还是一个铁榔头。"

再往前走，破冰船又使出另外一个绝招。只见它高高翘起船头压在冰面上，使劲往下一压，把冰块压碎，也压开了一条航道。

茅妹十分惊奇地说："破冰船真了不起，有十八般武艺，什么冰块也挡不住它。"

破冰船开了一会儿，在冰海上停住了。船长对孩子们说："下去玩吧，玩够了再回来。"

话虽是这样说，事到临头孩子们又有些害怕了。

茅妹问："这儿的冰盖靠得住吗？会不会被压碎，让我们掉进冰窟窿喂鱼吃？"

船长安慰她："放心吧，这儿的冰冻得很硬很厚。别说你们几个毛孩子，在上面开拖拉机也没有关系。"

话没有说完，船上就放下一个履带式冰上汽车，驾车的水手招呼孩子们说："快来呀！我带你们去兜风。"

啊哈！想不到真的可以在北冰洋的冰面上开车。这辆汽车起码有好几吨重。它不会掉下去，孩子们还有什么好怕的呢？

好啊！现在不待船长再多说一句，孩子们就在陈老师和老万大叔的带领下，争先恐后沿着水手放下的舷梯，爬上了冰上汽车。

冰上汽车咔拉咔拉开着，带着他们在远远的冰棚上面兜了一个大圈子。

他们看见了什么？

看见了无边无际的北冰洋的冰原，到处一片洁白，堆满了冰雪。

看见了几只胖乎乎的北极熊，正在东跑西跑想抓海豹吃。

他们坐了一会儿冰上汽车又跳下来，各自寻找新鲜的玩意儿来玩。几个孩子打起了雪仗。几个孩子玩起了溜冰。

还有的在水手帮助下，凿了一个冰洞，坐在旁边安安逸逸钓鱼。北冰洋的鱼没有警惕性，一会儿就钓了一大桶。

不用说，每个人都拍了许多珍贵的照片。

北冰洋真好玩！孩子们都舍不得离开。

北冰洋的冰层

北冰洋的冰有什么不同的类型？北冰洋的冰可以分为岸冰和浮冰。岸冰和海岸紧紧连接在一起，浮冰漂浮在海面上。

北冰洋的冰有多厚？有的地方厚些，有的地方薄些，一般的厚度是 1 – 1.5 米左右。薄的地方不到 1 米，厚的地方超过 1.5 米。有人测量到一些地方的冰层超过 2.5 米，甚至达到 3 米左右呢。

北冰洋上的冰能够承受多大的重量？有人试验过，完整无损的厚度达到 60 厘米的冰，可以承受 18 吨重的平板车。90 厘米厚的冰，可以承受 36 吨重的平板车。

北冰洋上的冰是海水冻结的，也是咸的吗？不，海水结冰以后，盐度会大大减少。谁不相信，请你吃一块冰，自己试一下吧。

一个巨大冰棚断裂

2003 年 9 月 22 日，美国和加拿大科学家宣布，靠近加拿大北方的埃尔斯米尔岛的沃德·亨特冰棚忽然断裂成两块。这是北冰洋最大的冰棚，形成于 4500 年前，至少在 3000 年前就有这样大，从来都非常稳定。想不到在最近逐渐变薄。科学家使用直升机和卫星观测，发现它在 2000 – 2002 年间，就开始出现了一条裂缝，冰面许多地方都有裂纹，最后终于完全裂开，成为两个漂浮在海上的"冰岛"。变小了的两个"冰岛"在海上慢慢漂浮，将会对附近的一个钻井平台和来往船只造成威胁。

为什么这个冰海上的巨无霸会慢慢变薄，一下子断裂开？这是北冰洋地区气候变暖的结果。根据观测资料，最近 60 年以来，这儿的气温平均每 10 年升高 0.5℃，气候渐渐变暖，是促使它走向破裂的主要原因。

第31天
水下的大陆架

老万大叔挺神秘地眨了一下眼睛，对孩子们说："陈老师和我商量好了，今天我们到一个新奇的地方去。"

什么新奇的地方？是赤道、还是北冰洋？

老万大叔紧紧闭住嘴巴不肯多说一句话，实在缠不过围着他闹闹嚷嚷的孩子们，只好说："你们别东问西问了，换一只船就知道啦。"

这一说，搔弄得孩子们的心更加痒痒的。他们心里想，现在的帆船好好的，为什么要换船呢？莫非要去的地方帆船不能去，才要换一只船？

大家不再多问了，全都怀着浓浓的好奇心，跟着老万大叔一起走，走到另一个码头去换船。到了那儿一看，码头边空空荡荡的，什么东西也没有，哪有什么要换的船？

是不是那只船晚了点，还没有开到？

是不是压根儿就没有这回事，是老万大叔故意逗他们的？

"不，"老万大叔说，"它早就在这儿等着我们了，请大家准备好，马上就上船吧。"

话还没有说完，就只见码头边冒起一阵水花，咕噜噜钻出来一个黑乎乎的东西。大家连忙定睛一看，原来是一艘微型潜艇。朝上的舱门打开，宋跃和吴飞走了出来，他们早就在这里等着了。

啊哈！孩子们明白了，想不到陈老师和老万大叔做好了安排，要带领他们到海底去玩呢。

好啊！真妙呀！孩子们齐声欢呼，忍不住双脚跳了起来，高兴得拍起手来。

王洋问："我们到哪儿去，沉到最深的海底去吗？"

茅妹问："是不是去寻找古代沉船？"

蓬蓬笑嘻嘻地问："是不是到海龙王的家里做客？"

"都不是的，"老万大叔说，"出了海，你们就知道了。"

瞧，老万大叔的嘴真紧呀。立刻就要出发了，还不肯吐露今天考察的内容，孩子们就更加心急得痒痒的了。

"别急呀，"陈老师也在一旁说，"什么东西都会马上看见的，保证你们看了会满意。"

第一次下海，他们会看见什么呢？

海底没有阳光，会不会到处黑乎乎一片，什么东西也看不见？

会不会只有海水和鱼，水里空荡荡的？

大家正想着，头顶的舱盖砰的一下关上了，潜艇立刻离开水面慢慢下沉。随着艇身越沉越深，孩子们再也不七嘴八舌东问西问了，全都拥挤在小小的舷窗旁边，十分好奇地观看外面的海底景色。

这里和海面是两个完全不同的世界。孩子们感到惊奇的是，水下的景观和他们原来想象的大不一样。

熟悉的海面风光渐渐消失了，也听不见波浪拍打在艇身上的嘭嘭的声响。水下给孩子们的第一个印象是很静很静，好像是一个无声的世界。

这儿并不像想象中那样一团黑暗。出乎他们的意料之外，舷窗外的水底还有亮光。在刚刚潜下水的一刹那，眼睛尖的孩子们还隔着海水，瞥见了头顶圆圆的太阳的影子。不消说，它的形象和在海面所见的大不相同，已经变了样子。海水好像是一块绿玻璃，把它映衬得绿幽幽的，显得更加奇特神秘，似乎用这种方式向孩子们预告，这儿还会有更加稀奇古怪的东西，等待着他们前来拜访呢。

啊，不，随着潜艇逐渐下沉，海水越来越深，周围原本亮绿色的世界，颜色渐渐变深了，不知不觉最后渐渐转变成蓝黑色，显示出深度的变化。

在这个从绿幽幽到蓝黑色的水下世界里，可以看见周围的情景吗？

可以呀！这里的亮光还很充足呢，不用打开探照灯光，也能够非常清楚地瞧见周围的一切。只不过由于潜艇还在缓缓下沉着，随着下潜的深度增加，逐渐变得黯淡而已。

这儿的水底平平的，几乎没有一丁点儿起伏。猛一看，和海边的平原一样，外观上非常相似。如果不是被海水淹着，谁能看出这里和沿海平原有什么不同呢？

这儿并不像想象中那样死气沉沉，相反却是一片生气勃勃的景象。

看呀，在浅浅的海水里，到处都充满着阳光。潜艇慢慢穿行着，驶进了一个奇异的地方。孩子们放眼一看，到处都长满了成片的海草，长势非常好，似乎是水底的草原。只不过这里没有成群的牛羊，也听不见悠扬的牧歌。只有各种各样的鱼儿游来游去，加上别的奇异的海洋动物，装点了水下的风景，使人不致完全和陆地上的草原风光联系在一起。

王洋看得神往了，忍不住赞叹道："这儿实在太迷人了。如果不是眼前的鱼儿和水波上面的绿太阳，准会被当成是真正的草原。"

茅妹也忍不住说："是呀，这里真的很像大草原，如果这里有牛、有羊，还有跑来跑去的马儿就好啦。"

话还没有说完，蓬蓬就兴奋地喊叫起来了。

"瞧呀！"他手指着旁边一个隐蔽的角落大声喊叫道，"那里有两根牛角。"

牛角？

海底哪来的什么牛角？他是不是看花了眼睛，是不是讲幻想故事？

不是的！大家随着他手指的方向仔细一看，不由惊奇得简直不相信自己的眼睛了。想不到海草丛中，真的瞧见了两根尖尖的牛角，绝对不是眼睛的错觉。

海底怎么会有牛角？孩子们纷纷猜想。

有的说，准是一只牛不小心跌进海里淹死了。

这儿距离海岸很远，牛怎么会在这里跌下水？

有的猜，是不是被水冲来的？

牛不是小猫、小狗，可以被冲得这样远吗？

有的又胡乱猜想，没准儿这只牛会游泳，游到这里淹死的。

哈哈！哈哈！大家笑疼了肚皮。谁听说过牛会在海里游泳？骗蓬蓬那样的毛孩子，也骗不了呢。

有的又猜，是不是一艘装牛的船沉了，才淹死在这儿的？

嗯，这话还有些可信。大家想了一下，认为事情就是这样的。

陈老师站在旁边听了却说："别忙着下结论，让我们仔细看了再说吧。"

说得对！孩子们也想亲眼看一下，到底是黄牛、水牛，还是大牦牛。老万大叔指挥着两个年轻水手驾驶着潜艇转弯开过去，使用特殊的机械手，从泥沙里刨出这两根牛角。带回来一看，谁也不认识这是什么牛。

王洋想："该不会是一种特殊的海牛吧？"

陈老师仔细鉴定了，非常兴奋地告诉大家："这不是我们常见的牛，也不是什么海牛，而是一种上万年前的古代野牛。"

古代野牛怎么会在这儿出现，是不是冲来的？

陈老师摇头说："不，你们看吧，牛角上没有一丁点儿水流冲磨的痕迹。何况它的个儿很大，也很难被水冲带到这样远的地方。"

不是水冲来的，是什么原因呢？

陈老师说："是它自己跑来的。"

大家有些不相信自己的耳朵了，问道："牛不会游泳，它怎么会跑到这里呢？"

陈老师这才告诉大家："这是生活在冰期时代的一种野牛。那时候由于气候寒冷，南北极附近的海面大量结冰。加上流进海里的河水也很少，所以世界大洋水面降低了好几十米，大陆架上许多地方都露出水面，成为一片片广阔的平原。这只野牛和别的陆地动物一起，就是生活在这片大平原上的呀。"

他这么一说，卢小波才一拍脑瓜猛地想起了，从前在报纸上看见过，科学家在黄海海底发现过大象和犀牛的化石，必定也是同样的情况。

罗冰补充说："在最后一个冰期时代，原始人也是穿过低平的大陆架平原，一步步走到中国台湾、日本等沿海岛群上面的。"

潜艇接着往前开，又发现了一条弯弯曲曲的古河床。这也是冰期时代残留下来的，可以作为这里曾经是陆地的证据。

茅妹问："这种海底河谷叫什么名字才好？"

陈老师说："这是溺谷。世界上许多大河都有伸进海底的溺谷，长江的溺谷几乎穿过了整个东海大陆架。如果加上水底这一段，它就更长了。"

啊，溺谷真有趣，好像是泡在海水里的尾巴。想起每条大河都有一条泡在水里的尾巴，孩子们都觉得非常滑稽，忍不住哈哈笑了。

茅妹感到非常奇怪，这里到底是什么地方？

陈老师告诉她："这里是大陆架，是大陆拖在海底的部分呀。"

茅妹还有些不明白，世界上所有的大陆都有拖在海底的大陆架吗？

陈老师告诉她："是呀，全世界大约有2600万平方千米大陆架，统统加在一起，比两个半欧洲的面积还大呢。"

茅妹感兴趣，又问："所有的大陆架都有这样宽，都是这样平缓吗？"

"不，"陈老师说，"有的地方宽、有的地方窄，有的地方很平缓、有的地方坡度比较大。"

谁不相信，请看一些统计数据吧。

欧亚大陆伸进北冰洋的大陆架最宽，超过了 1000 千米。有的地方的大陆架很窄，甚至完全缺失。日本列岛的大陆架就很狭窄，只有 4 — 8 千米。南美洲西海岸压根儿就没有大陆架，隔着一条海沟和大洋盆地相连接。

一般来说，沿海有广阔的平原和大河出口的地方，大陆架比较宽阔。高大的山脉和高原紧紧挨靠着海边的地方，大陆架就很狭窄，甚至完全没有大陆架。

世界大陆架的平均宽度大约 70 千米。

大陆架的坡度一般小于 0.3°，从海边斜斜地伸进海心。大陆架外缘水深各地不一样，一般不超过 200 米。浅的地方，例如北美东海岸，只有 30 多米；深的地方，例如北冰洋的巴伦支海，可以达到 550 米。不消说，大陆架分布的地方，就是浅海了。

我国沿海各地的大陆架宽度，有 100 到 500 千米不等；外缘一般水深仅仅只有 50 米，最大水深 180 米。在遥远的地质时代里，这里曾经有一片广阔的平原，生长着茂盛的森林。后来这里形成了煤田和石油、沙金等矿产，拥有非常丰富的大陆架资源。

大陆架

大陆架有自然的大陆架和法律上的大陆架两个内涵。

自然的大陆架就是陆地向海洋的延伸部分，也就是大陆被海水淹没的部分，又叫"陆棚"或"大陆浅滩"，或者理解为和大陆连接的浅海平台。在过去的冰川期，由于海平面下降，大陆架常常露出海面成为陆地、陆桥；在间冰期（冰川消退，如现在），则被上升的海水淹没，成为浅海。

1953年，一个国际委员会给它下了这样一个定义：大陆架是环绕大陆，从低潮水位到海底坡度急剧增大的深处之间的区域。从这个定义来看，它的上界很容易掌握，就是我们可以清楚看见的低潮退落时候的海边。它的下界说的是其和大陆坡交界的地方，水下坡度急剧增加处，一般来说，大致位于水深约200米处。

大陆架含义在国际法上，指邻接一国海岸但在领海以外的一定区域的海床和底土。沿岸国有权为勘探和开发自然资源的目的对其大陆架行使主权权利。大陆架有丰富的矿藏和海洋资源，已发现的有石油、煤、天然气、铜、铁等20多种矿产；其中已探明的石油储量是整个地球石油储量的三分之一。

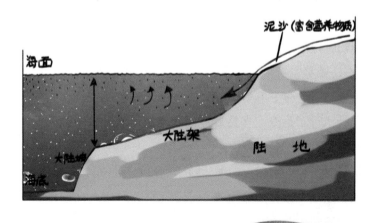

第32天
海底斜坡上的大峡谷

　　潜艇顺着平缓的大陆架慢慢往前行驶，忽然来到一个海底地形变化很大的地方。

　　老万大叔打开了探照灯，一股雪亮的光束立刻照亮了周围的一切。孩子们透过舷窗玻璃往外看，只见平缓的地形已经到了尽头，一下子往下倾斜下去，不知道会倾落到什么地方。

　　这时候，潜艇已经不是紧紧贴着平缓的海底地面向前滑行了。而像是离开航空母舰的飞行甲板的一架飞机，呼的一下就腾空"飞"起来了。如果继续这样前进着，就会高高跃起，再也不会和海底接触了。

　　连同陈老师在内，大家都望着操纵潜艇的老万大叔，看他怎么决定，往下应该怎么办？

　　站在后面掌握着舵轮的宋跃问他："我们继续保持水平航行吗？"

　　"不，顺着斜坡慢慢下去。"老万大叔聚精会神地注视着窗外的景色，头也不回地命令道。

　　宋跃执行了命令，保持着潜艇和海底地面的原来的高度，操纵艇身向下驶去。

　　斜行向下！继续斜行向下！孩子们的心怦怦跳着，心情很不平静。好像是在黑暗中乘坐一个电梯一直往下降，却又不知道将要下降多少米，会下降到什么地方。

那里是幽深的海底龙宫，还是不知名的水下地狱，有谁能够告诉他们呢？

老万大叔微微一笑说："我们要去的地方不是龙宫，也不是水下地狱，是一个有趣的地方。"

这个地方有什么趣味？

王洋紧紧盯住窗外的景色说："看样子我们是在下山呀！"

阿颖说："这个山坡真长啊，怎么走了老半天也没有尽头？"

徐东看了一下手表说："我们已经走了很久了，就算是珠穆朗玛峰，也应该下山了吧。"

茅妹有些害怕了，声音颤抖着说："这里一片漆黑，谁知道前面还有多远，会不会没有尽头，一直开进一个海底的地洞里？"

蓓蓓忍不住了，抬头问老万大叔："这儿到底是什么地方呀？"

老万大叔说："这不是航海生活，也不是航海技术，是科学问题，请你们的陈老师讲吧。"

陈老师提醒孩子们："这就是我们在课堂里讲过的大陆坡，你们还记得吗？"

啊，大陆坡，大家都想起来了。上地理课的时候，陈老师在黑板上画了一幅海底地形曲线图，从大陆架向深海盆地过渡，就是倾斜的大陆坡。想不到随手在黑板上画的一条斜线，实际竟有这样长。

陈老师担心孩子们忘记了，又重新简单给他们讲一遍："大陆坡分布在大陆架的边缘，平均坡度大约3°，陡的地方就不止了。你们自己测量一下，这儿的坡度是多少？"

闷在潜艇里，测量不方便，孩子们测出来的数据不一样。有的测量出来只有几度，有的测出十几度，差别非常大。

陈老师说："由于实际情况的影响，你们能够测出这样的结果也算不错。大陆坡的坡度从大陆架边缘向外逐渐增大，也就在几度到十几度之间，最陡的地方也不超过20°。"

大陆坡既然是倾斜的，每个地方的水深一定不一样。

茅妹问："大陆坡上最深的地方有多深？"

陈老师说："大陆坡的水深最浅只有200米左右，最深的地方超过3000米。"

卢小波默默心算了一下说："这有些不对呀，为什么只有3000米？"

他是怎么算出来的？

卢小波说："既然大陆坡是大陆架向大洋盆地过渡的地方，大洋盆地的深度是4000到6000米，大陆坡至少也应该有4000米才对呀！"

孩子们一想，他说得对。如果大陆坡最大的深度只有3000米，还有1000米左右跑到哪儿去了？大家全都望着陈老师，想弄明白这到底是怎么一回事。

陈老师没有正面回答，只十分含蓄地说道："到底是什么原因，你们耐心慢慢等着瞧吧。"

说话间，潜艇沿着好像永远也没有完的斜坡，又下降了很深。景色似乎十分平淡，瞧不出有什么变化，孩子们渐渐有些腻味了。

正在这个时候，还一直坚持观察的郑光伟忽然忍不住叫喊起来。

"瞧呀，那是什么东西？"他手指着窗外一个奇异的景象喊道。

大家连忙抬头一看，只见在雪亮的探照灯光下，原本非常单调的水下斜坡上，一下子显现出一条很深的峡谷。

咦，这是怎么一回事？为什么在这样深的水下，有一条和陆地上的峡谷同样幽深的峡谷？孩子们一下子都来劲儿了，一起挤到狭窄的舷窗前，伸着脑袋争先恐后往外探看，想弄明白这条奇异的峡谷是怎么一回事。

卢小波建议道："咱们顺着它好好追索一下吧。看它在哪儿开头、哪儿结尾。"

王洋提议："干脆横着再找一下，还有没有同样的东西。"

到底顺着找，还是横着找？

老万大叔心里有主意，低声和陈老师匆匆交换了一下意见，便指挥身后的宋跃，操纵着潜艇转了一个方向，横着掠过黑黝黝的大斜坡，先来一个大面积的普查。

这时候，艇前艇后所有的探照灯都打开了，把黑沉沉的斜坡照耀得更加明亮。孩子们分散开，像小小侦察员似的，从前后左右的舷窗里朝四面八方探看。随着潜艇慢慢前进，新的信息一个个传来。

"这里还有一条峡谷。"一个孩子喊。

"这儿也有一个同样的峡谷。"另一个孩子报告。

"啊呀，这条峡谷真深，简直可以和长江三峡媲美。"好几个孩子同时喊叫起来。

一条条长长短短、深深浅浅的峡谷，被孩子们一个个发现了。想不到仅仅在这一小片地方，就有这样多的水底峡谷密集分布。

往下怎么办？

老万大叔说："现在我们弄清楚了这里有多少水底峡谷，再一条条追踪它们的来龙去脉吧。"

"好啊！"孩子们齐声欢呼起来。他们做梦也没有想到，居然像猎手一样，在深深的海底追踪起一连串水底峡谷了。

不消说，这必须掉转艇身，返回大陆坡的崖顶，顺着一条条峡谷纵向追踪。有的甚至需要追上平缓的大陆架，直到接近陆地的地方。但是事实证明这样做是值得的，因为他们在陈老师和老万大叔的帮助下，终于弄清了这些水下峡谷的分布规律和生成原因。

有的峡谷很长很长，可以和流进大海的河谷连接起来，显然是一些大河在海底的延长部分。但是更多的却只生成在大陆坡上，甚至仅仅出现在斜坡的中下部，和从大陆架上伸展而来的谷地没有半点关联，这是怎么形成的？

陈老师说："这是一种特殊的浊流剥蚀的产物。"

原来在大陆坡上，常常有一股股水流卷带着大量泥沙形成浑浊的泥流，顺着斜坡滚滚冲泻下来，冲刷着斜坡地面，开辟出一条谷地。如果恰好沿着一条岩石裂缝，就可以切割得很深，形成一道和陆地上的巨大峡谷一样的峡谷了。

孩子们见识了大陆坡上的峡谷，心里满意了。老万大叔才指挥着潜艇掉转头，沿着似乎永远也没有尽头的斜坡，继续向水下深处前进。

再往前去，他们会看见什么景象？

到达真正的海底，深深的大洋盆地吗？

钻进一条最深的海沟吗？

都不是的。

原来在倾斜的大陆坡下面，还有一片稍微平缓的斜面，穿过斜面才能够过渡到"真正的海底"——大洋盆地。

这个围绕在大陆坡下面的斜面，叫作什么名字？

陈老师说："瞧吧，它好像是扎在大陆坡身上的一条裙子，就叫作大陆裙。"

瞧着它，卢小波一下子明白了。原来这就是大陆坡的深度，和大洋盆地深度不一致的原因呀！

水底浊流

　　大陆坡上的浊流常常是由于海底地震，或者其他原因，使沉积物顺着斜坡泻溜下去形成的。这些浊流往往密度很大，所以生成了过饱和的浑浊水流。当其向下流动时，又冲蚀了下面的沉积层，更增加了密度。这样高密度的浊流具有越来越大的冲刷能力，所以能够侵蚀斜坡地面，形成特殊的水底峡谷。人们根据它冲断海底电缆的情况，曾经测量出它的速度。在又陡又长的斜坡上，它的流速可以达到每小时 80 – 90 千米。

海底冲积锥

　　在有的大陆坡的峡谷末端，常常有一个锥形地貌分布。

　　仔细观察它，原来是斜坡泥流带来的泥沙堆积，很像河流出山的地方形成的冲积扇，叫作海底冲积锥。

第33天
黑沉沉的深海平原

潜艇顺着大陆坡往下行驶，渐渐进入了一个很深很深、很平很平、很大很大、很黑很黑的地方。

这里和大陆架、大陆坡都不一样，是什么地方？

卢小波说："没准儿这就是真正的海底吧？"

他猜对了，这里是大洋盆地，就是真正的海底。

从大陆架来到这里，下了一个台阶，从浅海来到了真正的深海。

啊，大洋盆地。

啊，真正的海底。

多么诱人，多么神秘。

大陆架，太浅了，本质上只是大陆在海水下面的延伸，不够资格叫作真正的海底。

大陆坡，太陡斜、面积也太小了，只不过是一个台阶而已。

只有这里才配叫作真正的海底，才是和大陆相对应的真正的海洋部分。

啊，大洋盆地。

啊，真正的海底。

多么沉静，多么隐蔽。

大陆架，充满了鱼群和波涛的喧嚣，还残留着一些外界阳光的影响。

大陆坡，时不时有一股股浑浊的泥流顺着斜坡流淌下来，扰乱了水下的平静。

只有这里才完全摆脱了外界的影响，静悄悄的，没有一丁点儿声音，好像是一个被遗忘了的世界。

只有在这里，才能够寻觅到别处没法见到的深海的秘密。这对孩子们来说，有着巨大的诱惑力。

这里永远都是一片黑沉沉的吗？

也不是的。

看呀，黑乎乎的海底深处忽然闪现出星星点点的亮光。一个个暗绿色的光点上上下下，游来游去的，好像是许多小小的萤火虫。用非常微弱的亮光，照耀着周围的海水。

海底怎么会有萤火虫呢？

是不是沉落进海水的陨石？

是不是水底火山冒出来的一丁点儿火花？

都不是的。

一些光点近了，借助它自己的光线孩子们辨认出，原来是许多怪里怪气的深水鱼群。多亏有了它们，才使深深的海底平原不致那样漆黑，使人无法窥见一丁点儿内里的情景。

瞧着舷窗外黑沉沉的海底，渐渐远去的发光的鱼群，王洋忍不住问："这儿到底有多深？"

陈老师说："我先不讲。谁知道，就说吧。"

阿颖连忙抢着说："下了大陆坡，就是大洋盆地。大陆坡的边缘大约 3000 米，这就是大洋盆地的高度的起点了。"

徐东补充说："没准儿 4000 米是起点，最深的地方有 6000 米。"

陈老师听了说："基本上是对的。但是也有人认为大洋盆地的深度，从 2500 米以下算起。这是由于不同地方，具体情况不一样。"

茅妹问："大洋盆地的深度是怎么测量出来的？"

王洋想也不想一下就说："用绳子拴着铅锤，一直放到底呀。"

哈哈！伙伴们都笑了。

卢小波提醒他："这个办法在浅海还行，这样深的地方就不行了。"

说得对呀，这个办法多麻烦。别说难找那样长的绳子，即使有了长绳子，放得这样深，也会受到各种各样的因素的干扰，会影响测量的准确度。

不用绳子测量，怎么测量这儿的水深呢？

卢小波说："现在早就使用仪器测深了。"

王洋感兴趣问："什么仪器可以测量水深？难道不用绳子和水尺，也能够测量出来吗？"

卢小波说："可以的，利用回声反射的原理，也能准确测量出来。"

这是回声测深仪。人们发现声波在水里的传播速度，比在空气里还快，就发明了利用声波反射的办法测量海水的深度。

这个办法很简单。只消使用仪器在海面发射超声波，到达海底后反射回来。测出发射和回声返回的时间，知道声波在海水里的传播速度，很容易就能测出海底的深度了。

1927 年，德国流星号考察船首次使用这种方法，测量了南大西洋海底的深度。从那个时候开始，回声测深仪就普遍使用了。利用这个办法，人们收集了大量测深资料，还能够作出海底地形图呢。

潜艇边往下沉边慢慢前进，孩子们边说边探看着海底的情形。在探照灯光的映照下，神秘的海底风光渐渐展开了。

看啊，这儿的海底真平坦呀，好像是无边无垠的大平原。

海底平原上堆积着什么东西？也有泥沙和鹅卵石吗？

老万大叔指挥着宋跃和吴飞，操纵着机械手，从海底抓起一把把泥土，带回来给大家看。经过仔细观察，认出来这些全都是微体海洋生物和别的物质混合在一起形成的软泥，压根儿就不是陆地上见惯了的泥沙。

大家看呀看，忽然看见海底平原上平铺着许多大大小小的鹅卵石。小的只有蚕豆大，大的好像是土豆、南瓜。远处隐隐约约还有一个最大的，估计直径有 1 米左右呢。

茅妹激动起来了，大声嚷叫道："瞧，这里有这样多的鹅卵石，古时候准有一条大河从这儿流过。"

她的激情感染了所有的小伙伴，一个个兴奋地议论起来。

阿颖说："这真的是鹅卵石吗？实在太不可思议了。"

徐东也说："如果这是真的，就可以证明它是古代河流的遗迹。"

蓬蓬大声叫嚷道："我想拾一块海底的鹅卵石，带回去放在金鱼缸里。"

王洋惊奇地瞪大了眼睛说："啊，如果在这样深的海底也有古代河流流过，真是一个了不起的奇迹。"

卢小波和莉莉默不作声，罗冰和蓓蓓紧紧盯住躺在海底泥地上的这些奇怪的鹅卵石，不知道在想什么。过了好半晌，罗冰才开口低声念叨着："这似乎有些不可能啊。"

只有郑光伟沉住了气对大家说："先别高兴，看清楚了再说吧。"

老万大叔微微笑着，和陈老师迅速交换了一下眼色，转身命令宋跃和吴飞，使用机械手从外面的泥地上抓了几个送进来，摆放在孩子们的面前。

现在可以面对面仔细观察了，大家忙不迭围了上去，争着挤进前面想多看一眼。

这些从海底泥地上取回来的鹅卵石到底是什么样子？只见这些乌黑的圆坨坨外表并不十分平滑，没有水流冲磨的痕迹。看来看去，不像河边和海边真正的鹅卵石呀。

王洋拿在手里试着掂了一下，还很沉重呢。这不像是石头，是不是铁蛋蛋？

直到这个时候，莉莉才开口说话。她认出来了，告诉大家："这不是石头，也不是铁，是深海海底的锰结核。"

王洋好奇地问："锰结核，里面的成分全都是锰吗？"

"不，"莉莉说，"出发前，我专门看了一本书。书上说，锰结核含有锰、铁、铜、钴、镍等好几十种金属成分，是一种特殊的矿物瘤，大洋海底最重要的矿产。"

啊，矿物瘤，这又是一个新名词。孩子们感到很奇怪，不知道它是怎么生成的。

卢小波插嘴说："这里面含的锰和铁最多，准是海水里面的铁锰化合物沉淀形成的。"

海水里的铁锰化合物到底怎么形成锰结核的呢？

莉莉和卢小波都说不清楚了，只好转过身子问陈老师。

陈老师说："锰结核的形成过程，现在还不是很清楚。有人说是纯化学作用，有人说和细菌活动有关系，有人又认为和火山活动有关系。到底是怎么一回事，还没有完全弄清楚呢。"

王洋感兴趣地问："锰结核生长得快吗？"

"不，"陈老师说，"它生长得非常缓慢，用放射性测年的方法测定出来，每一千年才大约增长 1 毫米左右。算一算，一块土豆大小的锰结核，要多少年才能够长得这样大呀。"

透过舷窗看出去，黑沉沉的海底铺满了锰结核，一眼望去不知道有多少。现在孩子们明白了，这都是含量丰富的矿石，宝贵的财富呀！比平凡的鹅卵石的价值，不知要高多少倍。

王洋感到迷惑，问："海底到底有多少锰结核？"

陈老师回答道："这还没有统计清楚呢。从现在掌握的材料来看，起码有 3 万亿吨，散布在全世界的大洋里。"

啊，3 万亿吨，得要多少火车皮才能够运完呀！这样多的锰结核里，含有多少有用的矿物？陈老师随手写了几个数据，请看吧。

锰大约 4000 亿吨

镍大约 164 亿吨

钴大约 98 亿吨

铜大约 88 亿吨

这些储量都大大超过陆地上的几十倍，甚至成百上千倍。如果都能开发出来，该有多好呀！孩子们现在望着黑乎乎的海底，再也不感到寂寞陌生，一片死气沉沉了。这里有宝藏，这里有希望，这里是一片未开发的处女地，谁知道还会有多少秘密等待着人们揭开啊。

深海沉积物

红色黏土：它和陆地上的黏土不一样，不是纯黏土质堆积，而是一些微体海洋生物的残骸，加上别的一些物质，在强大的压力下，经过化学作用转变而成的。值得一提的是，其中的矿物成分有时候还包括一些细小的陨石颗粒呢。

抱球虫软泥：这是一种由包括抱球虫在内的各种有孔虫组成，白色、粉红色和黄色的软泥，非常疏松。这是深海堆积物中分布最广、数量最多的一种。

放射虫软泥：从外表看，和红色黏土很像，但是其中含有的放射虫成分比较多。

硅藻软泥：这是一种黄色或白色的堆积物，也包括许多有孔虫的成分。

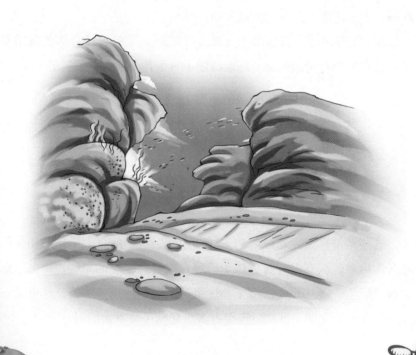

开采锰结核

针对深海采矿的特殊性，现在一般使用以下三种办法采集锰结核。

第一种是水力提升的办法，第二种是用高压气泵，第三种是用绞车滑轮带动一连串翻斗，都可以在海面进行采集锰结核。

只在海面操作还不行，人们正在尝试直接在海底开采呢。

根据《联合国海洋法公约》，国际海底资源是人类共有的，但是也有例外。凡是查明了 30 万平方千米海底的锰结核资源的国家，都可以经过申请，得到其中 7.5 万平方千米矿区的开采权。我国在太平洋海区发现了 30 万平方千米的锰结核富矿区，已经得到了 7.5 万平方千米的开采权。

大洋的发展阶段

大洋永远是大洋吗？才不见得呢。世界上的大洋也在不停地变化发展着，有的会扩大，有的会缩小，有的会渐渐消失，还有的会慢慢新生出来。

茫茫大洋也会扩大么？会的，红海就是最好的例子。这是一个具有平行海岸和中央洼地的狭窄的海，地质学家研究的结果发现，它正在缓慢扩张。大西洋具有活动的洋中脊，也是正在扩张中的海洋。

茫茫大洋也会收缩么？会的，太平洋就是例子。有人说，它已经进入了大洋发展的老年期，正在不断向里收缩呢。地中海不断收缩抬升，未来的地质时代里，非洲就会和欧洲连接在一起了。由于收缩抬升的结果，还会拱起一座大山脉。

茫茫大洋也会消失么？会呀，位于印度板块和西藏板块中间的古地中海，岂不是由于收缩抬升而消失了，并被挤压成高耸的喜马拉雅山脉了吗？

还会有新的大洋诞生？会的，在地质构造上和红海连接的东非大裂谷，火山和地震活动强烈，就在慢慢向外扩张中，将会形成一个新的大洋。

第34天
海底登山运动

深深的大洋盆地里面，全都是一马平川的大平原吗？

才不是呢，潜艇往前走了不远，眼睛尖的蓬蓬就忍不住大声呼喊起来："看呀，那是什么东西？"

大家顺着他手指的方向望去，果真瞧见了一个黑乎乎的影子，像巨人似的耸立在光秃秃的海底平原上。

山，那是一座山。

啊，想不到在这样深的海底，居然也有山呢。

潜艇越开越近，慢慢围绕着它转了一个圈子，大家看得更加清楚了。不仅可以看清它的整个外表形状，连一些细节也能够看得清清楚楚。

这座山平地冒起来，是一座斗笠形状的孤山。目估一下，起码有上千米高，如果放在陆地上，也很壮观呢。

它的山坡上没有侵蚀的痕迹，却在斜坡和山脚下，堆积着许多大大小小的石块，有的还散布在周围的地面上，不知道是怎么一回事。

王洋猜："莫不是山崩造成的吧？"

阿颖和徐东猜："会不会发生过滑坡？"

只从坡脚堆积了许多岩块来说，山崩和滑坡似乎都有可能。但是怎么解释在离山比较远的地面上，也有同样的石块呢？

王洋说："会不会是水冲过去的？"

卢小波看了周围的情况后，想了一下说："不像啊，深海底部本来就没有很急的水流。即使有一股水流，也只能冲往一个方向，不会把这样多的石块一起冲散开，带到这样宽阔的地方到处堆积呀。"

说得对啊，这是一个难解的谜。

瞧着这些带棱带角的石块，罗冰还想辨认岩石性质，胡乱猜道："这是不是花岗岩块？"

郑光伟摇头说："那可不一定，别的坚硬的岩石也可能是这个样子。"

这座山到底是怎么生成的？

为什么在山脚堆积了这样多的石块？

这些石块到底是什么岩石？

所有这一切，只有脚踏实地，在现场好好研究一下，才能够弄明白。

可是他们现在身处深深的海底，没有特殊装备，不能跨出潜艇一步。如今可以做的事，只有先采集几块标本好好看一下了，没准儿也能够有所帮助呢。

大家打定了主意，老万大叔就选准了一个石块最多的地方，命令宋跃和吴飞使用机械手，抓起两块带回来给孩子们看。

孩子们立刻围上来，怀着极大的兴趣互相传递着，拿在手里仔细观看。原来这是两块乌黑色的岩石，不是花岗岩，也不是常见的砂岩、石灰岩。

莉莉认出来了，对伙伴们说："这是玄武岩呀！"

玄武岩是怎么生成的？

莉莉说："这是火山喷发出来的呀！"

啊，火山。

听着这个名字，孩子们就一下子恍然大悟了。眼前这座孤零零的斗笠形的山峰，原来是一座海底火山。当它喷发的时候，无数玄武岩块喷发出来，散布在周围远远近近的地方，就造成现在这个样子了。

望着面前这座火山，孩子们更加感兴趣了。茅妹担心地问："它还

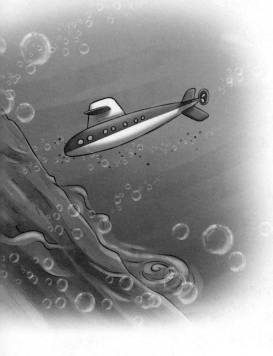

会喷发吗？"

王洋提议说："咱们到火山口去看一下就知道啦。"

不管火山喷发不喷发，这都是一个好建议。小伙伴们全都举手赞成，央求老万大叔把潜艇开到火山口去。

老万大叔挺神秘地眨了一下眼睛说："你们不说，我也要带你们去，让你们好好看一下，这座火山是什么样子。"

说完了，他就一挥手，让宋跃扳动把手，驾驶着潜艇顺着长长的斜坡，慢慢往上升起。

100 米

200 米

500 米

1000 米

……

潜艇一点点升起来，已经快要接近山顶了。王洋说："我们来猜一下，火山口里是什么样子吧。"

好呀！这个建议立刻得到小伙伴们的赞同。

阿颖首先抢着说："山顶必定有一个朝天的大凹坑，很深很深，就是岩浆喷发出来的地方。"

徐东补充说："火山口里没准儿还有硫黄气泄漏出来呢。"

茅妹怀着梦寐般的幻想说："会不会一下子就喷发，让我们欣赏一次水底火山喷发的奇观？"

蓓蓓忍不住了，问老万大叔："他们谁说得对？"

老万大叔十分神秘地又眨了一下眼睛说："别性急，你一会儿就能亲眼看见了。"

潜艇还在慢慢上升着。

1100 米

1200 米

1500 米

1800 米

······

瞧着老万大叔的神情，似乎他故意隐瞒了什么重要的事情，非要孩子们自己看一下，才肯最后说出来。

2100 米

2200 米

2500 米

3000 米

······

潜艇上升得越来越高了，现在已经超过了 3000 米，距离海面只有 2000 多米了，看样子很快就要到达山顶。老万大叔这才转过身子提醒大家说："你们好好看吧，我们已经到达目的地了。"

说时迟、那时快，他刚说完，潜艇就一下子冲了上去，旁边再也看不见倾斜的山坡了。

眼前一片空旷，他们已经到达这座海底火山的最高点了。孩子们忙不迭地东张西望，想找到想象中的火山口。

出乎他们的意料之外，眼前什么也没有。别说是深深凹陷的火山口，就连应该存在的山尖也没有。

这座海底火山到底是什么样子？

想不到山顶竟是一片平平的，好像是一张又宽又平的大桌子。

孩子们全都愣了，一个个惊奇地互相对望着，张大了嘴巴说不出一句话。过了好半晌，卢小波才首先转过神来，嚅嚅嗫嗫说道："这是怎么一回事，为什么这座火山没有山顶？"

王洋猜："会不会它本来就是这个样子的？"

"绝对不会的，"莉莉说，"世界上哪有平顶火山？这儿一定出了什么问题，老万大叔才神秘兮兮地专门带我们来看。"

现在情况复杂了，摆在孩子们面前的，有两个难解的疑谜。

世界上真有平顶火山吗？

如果没有，这座火山的山顶到哪儿去了？

大家认真讨论了一下，最后一致认为这不是它的最初的样子，它的山顶必定是在后来被破坏了的。

什么原因使它连同火山口一起，丢掉了整个山顶呢？

王洋说："准是波浪冲刷的结果。"

"不对啊，"卢小波不相信，提出了疑问，"波浪只在水面翻腾，这里距离海面还有 2000 多米，怎么能够冲刷它呢？"

茅妹猜："它的山顶会不会被泥沙埋住了？"

"这也不对呀，"卢小波说，"这儿露出的明明全都是坚硬的岩石，哪有那样多的沉积物来掩埋它？"

真的没有堆积物吗？茅妹有些不相信。

卢小波说："多说也没有用。你不信，请老万大叔帮助，开着潜艇仔细寻找吧。"

老万大叔说："好呀！让大家看仔细了，才能得到真正的结论。"

在老万大叔的安排下，潜艇打开了所有的探照灯光，紧紧挨靠着平坦的山顶慢慢前进，让大家睁大眼睛仔细观察。他还让宋跃时不时伸出机械手，抓起一些破碎的石块带进来，给大家鉴定。

开过来、开过去，没有看见一丁点儿松散的泥沙，到处都是裸露的岩石表面。

茅妹没有话好说了，只好承认自己想错了。

这也不是、那也不是，到底是什么原因造成了平坦的火山山顶？

罗冰忽然脑瓜一亮，冒出一个新的想法，对大家说："会不会它原来接近海面，被波浪冲刷削平了山顶，后来又沉降下去了呢？"

大家一听，觉得他说得有些道理。只不过还有些想不通，海底的火山难道像坐电梯似的，可以一会儿上升、一会儿又下降吗？

阿颖和徐东想了一下说："为什么不可以呢？海底沉降的例子，我们早就听说过了许多呀。"

他们这样说，也还有些伙伴想不通，问老万大叔是不是真的。

老万大叔说："这有什么不可以？现在这个问题还没有最后的结论，谁能够提出有一些信服力的说法，我们都应该认真研究清楚。"

一直默不作声的陈老师也开口了。他说："海底的平顶山很多，太平洋里特别多，可是谁也没有弄清楚它们的生成原因。如果我们能够提出一个有根据的假说，就立下大功劳了。"

海底谜样的火山还不止这个呢。老万大叔和陈老师交换了一下意见后，指挥着潜艇继续航行，走了不知多远，又看见海底耸起一座孤山。山坡很长很长，一直通向头顶不知道有多高的地方。

孩子们有经验了，隔着舷窗一看就认出来，又是一座海底火山。

王洋提议说："咱们再上去看一下吧。"

茅妹说："反正都是平顶山，有什么好看的？"

上去，还是不上去？

老万大叔说："上去吧，只在下面议论，怎么知道上面是什么样子？"

100 米

500 米

1000 米

2000 米

……

潜艇又一点点升起来，载运着孩子们朝看不见的山顶开去。

3000 米

4000 米

5000 米

5900 米

……

潜艇已经沿着水底山坡攀升了很高，眼看只有一丁点儿距离，就要到达水面了。老万大叔和陈老师又交换了一下眼色，对孩子们说："现在潜艇不继续往上开了，大家换了潜水服，自己往上爬吧。"

啊哈！这真是一个绝妙的主意。现在已经离开了深海海底，海水压力不大，穿着潜水服完全可以在水里行动。孩子们高兴极了，一个个兴高采烈地换了潜水服，在老万大叔和宋跃、吴飞的带领下，打开舱门，一组组走出去，顺着倾斜的水下山坡慢慢往上爬。

爬呀，爬呀，一步步往上攀登了好几十米。

爬呀，爬呀，一步步往上又攀登了好几十米。

爬呀，爬呀，水里越来越明亮了。外面的太阳光透过水波照射进来，好像在鼓励他们："再努一把力吧，马上就要到达目的地了。"

爬呀，爬呀，爬得最快的几个孩子一下子钻出了水面。亮堂堂的太阳光直接照射在他们的身上，晃得他们几乎睁不开眼睛。

当他们睁开眼睛，看见了什么？

啊，想不到他们一下子钻出海水，竟双脚站在一片雪白的沙滩上，把许多躺在沙滩上晒太阳的休闲者吓了一大跳，孩子们自己也吃了一惊。

沙滩上的人问水里钻出来的孩子们："你们是从哪儿来的？"

孩子们回答说："我们是从海底爬上来的。"

听呀，他们说什么？这些孩子竟说他们是从海底爬上来的！沙滩上的人惊奇得瞪大了眼睛，几乎不相信自己的耳朵了，接着又问："你们到这儿干什么？"

孩子们说："我们在海水下面爬山，不知道怎么一回事，一下子就爬到这里来了。"

天呀！孩子们在胡说什么？他们竟是在海底爬山，稀里糊涂爬到了这里。孩子们的回答，把他们弄得更加晕头转向，不知道自己是在做梦，还是听错了。

现在轮到孩子们吃惊了，他们问躺在沙滩上的人："你们在这儿干什么？"

沙滩上的人回答："我们在洗海水浴、晒太阳呀！"

孩子们有的似乎明白了，有的还稀里糊涂的。蓬蓬冒失地问他们："你们怎么坐在火山顶上晒太阳呢？"

火山顶上？

沙滩上的人更加不明白了，明明是在海边的沙滩上，怎么会一下子变成了火山口？这个提问的小毛孩子，头发上沾满了海藻，全身湿淋淋的，莫不是童话故事里的小水妖？

"你们才是妖精呢，"蓬蓬嘟着嘴，没好气地回答道，"你们把海水变成了天空和沙滩，不是妖精，是什么？"

末了，陈老师跟着钻出水面，一场误会才解释清楚了。原来这是一座火山岛，孩子们是顺着它的水下山坡爬上来的呀！火山的山尖在哪儿？

就是眼前这些度假休闲的人们躺坐的白沙滩呀！啊，明白了，大洋中间一个个小小的孤岛，都是一座座露出水面的火山尖儿。从上面看很不起眼，谁知道在水下还隐藏着好大的底座呢。如果把它们搬上陆地，一点也不比别的山峰逊色。

海上的一些群岛呢？

没准儿就是一串串海底火山链的山尖呀。

唉，要是奥林匹克运动会增加一个海底登山项目，该有多么吸引人啊！

科学小故事——大西洋海底山脉

1893年，一艘名叫挑战者号的海洋考察船，在北大西洋测量水深，放下钢绳系住的铅锤，仔细测量海水深度的变化。船员们忽然发现大洋中间有一道高高拱起的地形，很像是海底山脊，大吃一惊。

消息传出去，人们大多半信半疑。因为从前人们都认为海底所有的地方都是平坦的，不相信会有这样大的高低起伏。可惜只靠挑战者号的一个测深资料，还不能揭露全部秘密。

1925 - 1927年间，德国流星号考察船使用了当时最先进的回声测深法，对这里进行了更加全面仔细的测量，终于发现大西洋底有一道雄伟无比的海底山脉，从北冰洋的出口，纵贯整个大西洋，直到南极大陆附近，有4万海里长，许多地方有5000多米高。把它放在陆地上，和别的山脉相比，长度和高度也是数一数二的。

更加使人们吃惊的是，它的外形弯弯曲曲，好像是一个巨大的"S"形，正好和大西洋两边的大陆平行。暗示着它和大陆的密切的成因关系。

这就是鼎鼎有名的大西洋洋中脊，或者叫作大西洋海底山脉。它的发现，推动了人们对其他海洋开展调查，发现在太平洋、印度洋和北冰洋海底，都有同样的洋中脊，是大洋底部一种常见的海底地形。

洋中脊是怎么生成的？有人认为是由于两个大陆板块活动导致巨大的平移断层生成的，有人认为是一串海底火山链，有人认为是地壳褶皱的产物，还有人认为这是未来海洋扩张开始的地方。到底是怎么一回事，还是一个未解的谜呢。

第35天
漆黑的无底深渊

啊，这儿好黑呀！啊，这儿好深呀！孩子们觉得，潜艇似乎关闭了前进的操纵装置，只保留了必要的安全措施，任随自身的重力带动着，像是一块石头似的，在这个黑黝黝的深渊里笔直往下坠落。

沉落、沉落，不知慢慢沉落了多久，不知还会沉落到什么地方。

面对着这个黢黑的深渊，孩子们又好奇、又有一些儿害怕，怦怦直跳的心脏仿佛也一直沉落下去，紧张得几乎透不过气来。

他们禁不住会问，这是什么地方？

这里是一道很深很深的海底峡谷。只有海底峡谷，才会这样黑、这样深。噢，不，这不是人们熟悉的一般的峡谷，而是一道很深很深的海底深渊，深得几乎没有底。

啊，这岂不是人们常说的无底深渊吗？想着这一点，几个女孩子就不禁有些害怕了。

茅妹问："这真的深得没有底吗？咱们的潜艇会不会像一块石头一样沉下去，永远也别想浮起来？"

蓓蓓也担心地问："这个深渊下面的压力一定很大，咱们的潜艇会不会像空罐头似的被压扁？"

男孩子也有沉不住气的。王洋不放心地问道："深渊下面是什么样子？会不会变成一条窄缝，把潜艇卡在里面没法出来？"

女孩子里，只有莉莉沉得住气，安慰茅妹和蓓蓓说："别害怕，有陈老师和老万大叔，我们怕什么？"

这道海底深渊真的非常狭窄吗？

不，才不是呢。陈老师告诉孩子们："这不是一般的海底峡谷，也不是无底深渊，这就是在课堂里讲过的海沟呀！"

噢，海沟，孩子们记起来了。这是大洋盆地里最深的部分，最神秘的地方。陈老师和老万大叔商量好了，把大家带来，真是再好也没有了。

孩子们再仔细观察，潜艇也不像原来想象的那样，关闭了一切前进的操纵装置，像一块石头似的在海水里笔直坠落。

事实上，它还在慢慢往前运行着。只不过小心翼翼地边往前开、边向下沉落，开到一道水底崖壁面前，就转过身子向下驶去，打着旋儿似的往下沉。在老万大叔的指挥下，潜艇行进得非常缓慢、非常仔细，保证不会出一丁点儿差错。

大多数的孩子都看出来了，其实这条海沟并不狭窄。从一边到另一边，最窄的地方起码也有好几千米宽。宽的地方就达到好几十海里，比一些著名的海峡还宽阔呢。

既然它这样宽，为什么还说是一条海沟呢？

因为它太长、太深了呀！老万大叔说："我穿行过的一些海沟，差不多都有上千海里长，六七千米深，最深的超过了上万米。这样长、这样深的玩意儿，就会使人联想起一条深深的沟了。"

噢，原来海沟是这么一副样子，它的名字是这样来的。

王洋好奇地问他："您到过的海沟，分布在什么地方？"

老万大叔说："我发现几乎所有的海沟，都分布在大陆边缘的岛弧旁边，好像二者有一种共生的关系。"

透过舷窗往外看，还是一片黑沉沉的，潜艇还在缓缓往下沉降。老万大叔亲自驾驶着，睁大眼睛努力辨认着窗外的模糊景象，宋跃专

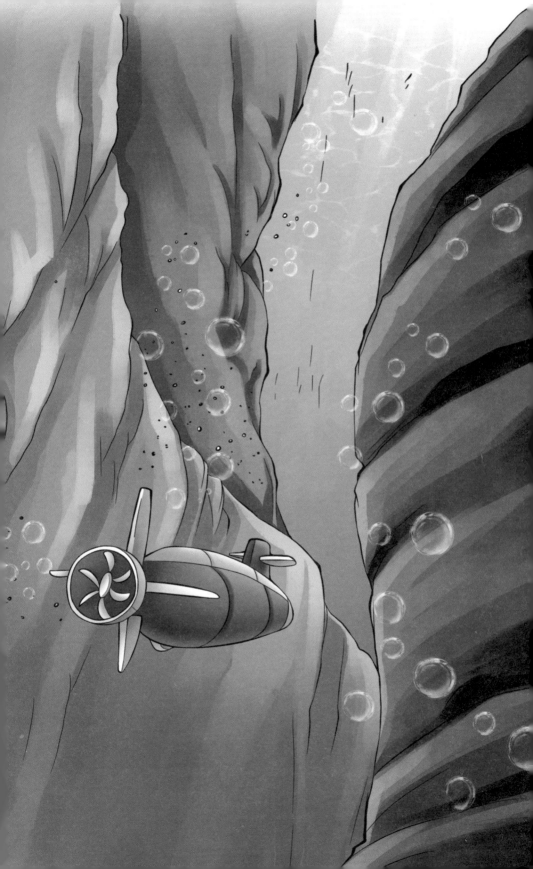

心一意报告着下降的深度。

5000 米

5100 米

5200 米

5300 米

……

舷窗外一派黑沉沉。

6000 米

6100 米

6200 米

6300 米

……

舷窗外依旧一派黑沉沉。

7000 米

7100 米

7200 米

7300 米

……

舷窗外还是一派黑沉沉。

8000 米

9000 米

10000 米

……

还是一样的。

不仅暗淡无光，而且还一片静悄悄。除了潜艇的轻微的引擎声，就只有孩子们自己的怦怦心跳了。

真的没有一丁点儿亮光吗？

也不是的。在黑漆漆的海沟里，时不时还能够瞧见一些发光的奇形怪状的鱼儿，使他们大开眼界，也知道了生命的无比顽强性。即使在这样深、这样黑、海水压力这样大的海底，也还有生命的存在。

不消说，这里也是非常神秘的。这里的神秘现象，不可避免影响了孩子们的心理。

虽说知道再深的海沟也有底，可是理智往往敌不过神秘的心理因素。特别是幼小的孩子们的心灵，好像是用最松最软的雪花做的，只消外界有一丁点儿很不起眼的变化，也会引起很大的波动。

眼下就是这个情况。随着下潜的深度不断增加，孩子们的紧张情绪也和按压不住的好奇心一样，不断增添了。

茅妹就是最好的例子。沉下海底，她的耳朵似乎变得更加尖了，神经也绷得紧紧的，经不住一丁点儿外界的刺激。

起初，潜艇里一点非常微弱的金属碰响，都会把她吓得要命，以为是发生机械故障，或是艇身破裂了。末了艇身真的碰着了什么东西，剧烈摇晃一下，又吓得她立刻尖声喊叫起来。

"啊呀！是不是触礁了？"哈哈！哈哈！小伙伴们全都笑了。

卢小波告诉她："别害怕，我们已经到达世界上最深的马里亚纳海沟底部了。"

宋跃大声报告："这里是北纬 11° 20′ 54″，东经 142° 11′ 30″，水下 11500 米。"

"啊哈！"孩子们一起欢呼起来，"我们到达了海底最深的地方。"

茅妹这才明白刚才的那个剧烈的震动，是艇身接触海底发出来的，但是还有些不明白地问："从前课本上说，马里亚纳海沟只有 11034 米深，怎么一下子变成 11500 米了？"

"这还不明白么，"王洋大声说，"11034 米是'勇士'号考察船在 1957 年测量的数据，时间已经差不多过去了半个多世纪，当然有更新的数据啰。"

卢小波补充说："世界上不管什么海沟都不是到处一样深的，马里亚纳海沟也一样。它在有的地方还没有 10000 米深呢。"

11500 米意味着什么？

把珠穆朗玛峰放下去，再加一座泰山，也冒不出水面。

啊呀！孩子们到了这样深的地方，怎么不高兴得跳了起来呢？

毕比潜水球

　　人类一直梦想着潜入深海海底，美国博物学家毕比也是一样的。他设想用一个桶形的潜水器下沉。他的好友西奥多跑·罗斯福总统建议改用球形。这个建议是正确的，1930 年 6 月 6 日，他就带着一个助手巴顿，选择了神秘的百尔慕大海区进行实验。这一次，下沉到了 244 米深处，看见了许多稀奇古怪的海底景象。可惜舱壁漏水，不得不回到海面。

　　接着，他又进行了好几次深海探险。第二次，下潜到 435 米，在漆黑一团的海底，首次发现了闪光的深海鱼类。还有一条长着金鱼尾巴、透明鳍片的蛇形怪鱼。

　　第三次，下潜到 677 米。除了看见许多闪光的鱼，还在 640 米处看见两条身长 1.8 米左右的深海鱼龙。1934 年 8 月 11 日，他和巴顿乘坐改进了的新式潜水球，向深海进行第四次冲击，到达了 923 米的深处。在 745 米深的地方，还看见一条 6 米多长的大鱼，证明深深的海底不是生命的禁区。

皮卡尔海底 "气球"

　　1933 年，毕比在美国芝加哥博览会上遇见一个瑞士物理学家皮卡尔，向他介绍了自己的潜水器和海底探险事业。皮卡尔原本是高空探险迷，曾经乘坐吊篮式气球上升到 16 千米的高空，进行电离层和宇宙射线研究。皮卡尔遇见了毕比后，立刻就把注意力从高空转到了海底。

　　1947 年，他乘坐 "FNRS 号" 气球，完成了最后一次高空探险后，就集中全部精力研究深海探险问题。

　　深海探险的第一个拦路虎，就是要解决潜水器不能进入真正的深海的难题。为什么从前的潜水器不能进入更深的海底？有两个难以解决的技术问题。首先是随着深度增加，海水压力也相应增大。为了保证安全，球壳势必越来越厚，重量越来越大，必须用缆索紧紧吊着。这样一来，随着深度不断增加，缆索也越来越长了。潜水球只要有轻微颤动，就可能挣断

缆索发生危险。

怎么解决这两个难题呢？皮卡尔根据高空气球飞行的原理，大胆设计出一种可以任意浮沉、在水下自己航行的新式潜水器。1948 年，他制造出了第一艘，命名为"FNRS－2号"，把它当成是"FNRS"号探空气球的孪生姊妹。当年 11 月 3 日，他使用这个深海潜水器，进行了无人驾驶试验，到达了 1373 米的深处，打破了毕比保持的深海下沉纪录。

又经过了好几次改进和试验，他带领儿子驾驶改进了"的里雅斯特号"潜水器，下潜到更深的地方。可惜随着试验继续进行，他的经费不够了，只好把"的里雅斯特号"转让给美国海军的研究部门。

1960 年，1 月 23 日，"的里雅斯特号"由皮卡尔的儿子驾驶，开始向世界最深的马里亚纳海沟冲击，到达了 10916 米的深度，发现了海沟里许多秘密。现在"的里雅斯特号"静静躺在美国国立博物馆里，皮卡尔父子的英名永远得到人们的尊敬。

第36天
喧闹的渔场

天黑了，海上闪烁着点点灯火。

这里是一片汪洋大海，哪会有灯火呢？

茅妹感到奇怪，问："前面有陆地吗？"

老万大叔摇摇头说："没有呀。"

王洋问："是不是一座小岛？"

老万大叔依旧摇头说："没有呀。"

这可奇怪啦，不是大陆，也没有小岛，怎么会有那样多的灯火？

老万大叔告诉他们："这是海上的渔船呀。"

啊，一片星星点点的，为什么会有这样多的渔船聚集在一起？

老万大叔说："因为这里是有名的渔场呀。"

渔场，这是什么意思？海里到处都有鱼儿，抛下渔网，放下钓钩，到处都可以打鱼，为什么偏偏要挤在这里？

茅妹说："这些渔船真傻。都挤在一起，自己捞起来的鱼必定就少了。"

王洋也说："说得对呀，哪儿不能打鱼，何必和别人一起挤呢？"

老万大叔告诉他们："因为这里的鱼群特别多呀。"

茅妹有些不明白，为什么这里的鱼群特别多？难道鱼儿也喜欢凑热闹吗？

"不是的，"老万大叔说，"渔场不是随便形成的，和海上许多情况有关系。"

海上什么情况会影响渔场的形成？

老万大叔说："首先是洋流。"

是啊，洋流是海上的"河流"。鱼群顺着洋流运动，就会自动到达洋流留下的地方了。

茅妹还有些不明白，问："海上到处都是一股股流来流去的洋流，为什么洋流带到这里的鱼群特别多？"

老万大叔说："因为这里是南方的暖洋流和北方的冷洋流交汇的地方呀。"

噢，有些明白了。暖洋流带来南方喜暖的鱼群，冷洋流带来北方喜冷的鱼群。两股冷暖不同的洋流汇合在一起，当然不同种类的鱼群就特别多啰。

王洋和茅妹听得有门了，产生了兴趣，接着问老万大叔："世界上

什么地方的渔场最大，鱼群最多？"

老万大叔说："世界上有三大渔场，都是冷暖洋流交汇的地方。"

世界上有哪三大渔场？

老万大叔扳着手指说："第一个在东北亚的北海道渔场，第二个是西北欧的北海渔场，第三个是北美东北部的纽芬兰渔场。"

是啊，北海道渔场是南方的日本暖流和北方的千岛寒流汇合的地方，北海渔场是北大西洋暖流和北方寒流汇合的地方，纽芬兰渔场是墨西哥湾暖流和拉布拉多寒流汇合的地方，当然鱼群的种类和数量都很多。

茅妹问："我国什么渔场和洋流有关系呢？"

老万大叔说："东海上的舟山渔场就是最好的例子，随着每年不同季节的洋流变化，就会形成不同的鱼汛。"

王洋问："别的地方呢？"

老万大叔说："别的地方也一样呀，也有不同的鱼汛。"

说得对啊，我国的海岸线很长，地跨不同的气候带，有南来北往的不同的洋流，鱼群也有不同的洄游规律。渔民掌握了这些因素，就可以在不同的季节追踪鱼群，进行捕捞活动了。

老万大叔说："最重要的是春汛。"

看吧，春天来到的时候，海水温度开始回升了。陆地上许多河流解冻，流进大海的水量增加，营养物质也多了。冬季游到深海去避寒的鱼群，就一群群游回浅海寻找食物和产卵。不消说，这个时候就是捕鱼最好的时机了。

我国沿海的春汛的时间有多长？

老万大叔说："一般从三月开始，五六月才结束，时间很长呢。"

噢，难怪渔民都把这个季节当成是黄金季节，是全年最大的鱼汛。

茅妹问："真是这样吗？"

老万大叔说："当然就是这样啰，让我们用常见的几种鱼群来举例吧。"

小黄鱼是最常见的一种。每年三四月，它就开始自己的春季洄游。有的在舟山群岛集中，有的游到苏北的吕泗洋，各自形成了著名的小黄鱼鱼汛。

对虾也是一样的，每年 4 月就开始活动，成群结队进入渤海产卵，这就形成捞捕对虾最佳时节的春汛了。

噢，明白啦。眼前夜海上这样多的星星点点的渔船灯火，必定也是一次鱼汛到来的特殊现象吧。

鱼儿藏在水底，渔船怎么追踪鱼群呢？

老万大叔说："当然有办法啰。"

渔民有什么办法追踪鱼群？

是不是瞪着眼睛看？

"不，"老万大叔笑着说，"现在早就不是这种原始的办法了。干脆我们一起去看吧。"

啊，那太好啦！王洋和茅妹都高兴得跳了起来。老万大叔吩咐宋跃划着一只小船，把他们送上附近一只渔船。

渔船上的一位渔民伯伯明白了他们的意思，把他们引进船舱。里面放着一台新式的仪器，他告诉他们："这是声呐探鱼器。不管白天和晚上，不管水深水浅，只要附近有鱼群，就可以探测出它们所在的位置。"

说着，他就打开了这台仪器，发射出声波。一会儿声波遇见水里的鱼群反射回来，就在仪器上显示出来了。海里的鱼群动态和位置，从仪器上面反映得清清楚楚。何必再像古代打鱼的人一样，只凭自己的肉眼观察呢？

渔民伯伯神秘地笑了一下说："现在不用仪器，让鱼儿自己给我们打电话吧。"

听啊，他说什么？水里的鱼儿可以给人们打电话。

茅妹半信半疑地问："这是真的吗？"

渔民伯伯一本正经地说："谁还骗你们不成？"

王洋好奇地问："电话在哪里？"

渔民伯伯拿起一根竹筒，插进水里说："瞧，这就是收听鱼儿报告消息的电话。"

啊，这可奇怪啦，一根普通的竹筒，怎么变成了电话？

渔民伯伯瞧见两个孩子有些不相信，叫他们趴下来，耳朵紧紧贴着竹筒，果真听见了一阵奇怪的声音，咕咕呱呱的，好像是许多青蛙大声鸣叫。

咦，海里哪来的青蛙？

是不是特殊的海青蛙？

哈哈！哈哈！渔民伯伯笑了，告诉他们："这就是鱼儿打电话，这是小黄鱼发出的声音呀。"

啊哈！原来是这么一回事。鱼儿不小心，自己泄露了行动的秘密。渔民侦察到它们的行踪，要抓住它们还不容易吗？

下一个问题又来了。水里的鱼儿东一群、西一群，分散得很远，怎么才能一网撒下去，捞得满满的呢？

渔民伯伯说："让它们自己来集合吧。"

茅妹有些想不通了。鱼儿不会那样傻，自己乖乖地集合起来，让人们一网打尽。

渔民伯伯挺有把握地说："有办法！"

说着，他就手指着前面一只灯火通明的小船说："这是引诱鱼儿上当的灯船。等到鱼群全都在这里集合以后，就可以收网了。"

两个孩子一看，果真在灯船周围，一下子密密麻麻地聚集了许多鱼儿。好像扑灯蛾似的，一起挤在灯光下面，真的开始自动集合了。

眼看聚集的鱼儿越来越多，收网的时间到了。渔民伯伯手里拿着对讲机，和附近的兄弟渔船联络好，各就各位一起收网。慢慢越围越拢，一下子拖起一张大网，捞起数不清的鱼儿。在网里活蹦乱跳，真是一个大丰收呀！

第 37 天
海怪的传说

天色渐渐黑了，考察船还在海上静静漂航。几个孩子坐在甲板上，对着海上越来越浓的暮色讲故事。

面对着暗沉沉的大海，讲什么故事？

不消说，所有的故事都和神秘的大海有关系。讲着讲着，就讲起神秘兮兮的海怪了。

茅妹问："听说海上有海怪，不知道是不是真的？"

阿颖说："当然有呀，我就听说过好些呢。"

说着，他就讲起他听说的海怪故事了。

他说："据说，有一个海怪，可以一口吞掉一只小船。"

"这是真的吗？"茅妹问他。

"谁还骗你不成？"阿颖说，"还有一个海怪，伸出几根触手，紧紧抓住一只小船，把一个水手拖下了水。"

徐东也来劲儿了，插嘴说："从前还有人瞧见过大海蛇，有十几米长。身子往上一拱，也能够拱翻小船。"

茅妹听得入神了，问他们："你们说的这些没头没尾，有没有有头有尾的？"

"有啊！"阿颖和徐东都点头说。接着，他们就各讲了一个有头有尾的海怪故事。

阿颖说："这件事发生在 1819 年 8 月 3 日上午，两个渔民在美国马萨诸塞州的海岸边，忽然瞧见一个巨大的蛇脑袋从浪花里冒出来。瞪着绿幽幽的眼睛，把他们吓了一大跳。不一会儿，它的身子露出来，竟有 20 多米长。两个人看清楚了，它的脖子也长，皮肤是暗褐色的，背上还有许多锯齿状的棱脊。他们在海上生活了一辈子，从来也没有见过这样古怪的东西。"

茅妹好奇地问："还有别的人见过它吗？"

阿颖说："有呀，有一只捕鲸船还朝它开了一炮，击中了这个家伙。它一脑袋钻进水，很快就不见了。"

徐东也跟着讲了一个同样奇怪的故事。

他说："1848 年 8 月 6 日，一艘英国军舰航行在好望角以西大约 300 海里的地方，忽然看见海水里有一个怪物正朝着军舰方向游过来。它的身子很长，仅仅露出来的就有 18 米左右。一会儿，它伸出了脑袋，直径估计大约 40 厘米。它的脖子很像是蛇，皮肤是深褐色的。"

他说得高兴了，接着又讲了一件怪事："据说，1904 年，有一艘法国军舰行驶在越南附近的海上，发现一个怪物。起初，水手们都以为这是一块礁石，想不到它竟活动起来，慢慢往前移动着，浮出了水面。可以看见的部分就有 30 米长，脑袋像是海龟，长满了鳞片，不知道是什么东西。"

听了他们讲的海怪的故事，小伙伴们纷纷议论起来了。

有人说，阿颖头一个讲的是鲸鱼。

有人说，第二个是巨大的章鱼。

有人说，第三个是大海蛇。

有人说，美国马萨诸塞州海边和好望角以西出现的，必定都是蛇颈龙。

还有人猜，越南附近发现的，是一只大海龟。

坐在旁边原本一言不发的郑光伟也忍不住了，插嘴说："照这样说，尼斯湖怪也有着落了。会不会是一只藏在海里的蛇颈龙悄悄游进湖里，捉弄了人们一下，又悄悄溜回大海了？"

"是呀！为什么不可以呢？"不声不响的蓓蓓也开口了，"俗话说，无风不起浪，看起来世界上似乎真的有这回事。"

听他们越说越热闹，罗冰忍不住问："这些故事可靠吗？会不会是胡编乱造的？"

阿颖一本正经地说："信不信由你，反正我是听来的。"

徐东也连忙声明："我是从书上看的，还会有假吗？"

"听来的和有些书上写的，不一定都可靠，"罗冰说，"如果所有听来的和书上的故事都是真的，熊外婆的故事岂不也是真的了？"

说得对啊，凡事不动脑筋好好想一下，没准儿就会上当。

阿颖和徐东不服气地说："难道所有的东西，都必须亲眼看见，才算是真的吗？"

"那也不一定，"罗冰说，"不管怎么说，总得要有实物证据才能够说服人。"

卢小波也说："对待一些稀奇古怪的传说一定要慎重。有的是恶作剧，故意编造出来的。有的是没有看清楚，传来传去越传越走样。得要好好动脑筋分析一下，才能下结论。"

海怪本来就是传说的东西，怎么才能找到实物证据？

站在旁边静静倾听了好一会儿的莉莉开口说："证据也有，20世纪一艘日本渔船在南太平洋上捞起过一个长脖子怪物的尸体，就很像是一只蛇颈龙。可惜由于已经半腐烂了，渔民只拍了一张照片，就扔进大海了。"

噢，真可惜呀！孩子们全都叹了一口气。如果保留下来，请科学家好好研究一下，没准儿就能够破解蛇颈龙之谜呢。

这一说，原本吵嚷得翻了天的孩子们一下子就哑了。虽然阿颖和徐东还有些不服气，却也没有什么话好讲。隔了老半天，他们才没精打采地反问道："好吧，就算我们听来的都是捕风捉影的。可是不加考虑，一棍子统统打死，完全否定大海里没有任何未知的神秘动物，是不是也有些轻率了呢？"

他们正说着，忽然从船舷另一边传来一阵叫喊声。只听见有人惊喜地叫嚷道："啊呀！这条鱼真奇怪呀！"

大家连忙抬头一看，原来是宋跃和吴飞用力抬着一条大鱼，鱼身上还湿淋淋的，滴滴答答地流着水，准是刚从海里捞起来的。后面跟着笑得合不拢嘴巴的王洋，边跑边嚷道："快看呀，这是什么海怪？"

啊，海怪。真是说曹操、曹操到，想不到这边还没有讨论完海怪的问题，那边就抓住了一个活生生的大海怪。

说时迟、那时快，大家还没有弄明白是怎么一回事，他们已经抬着那条怪鱼，兴致勃勃地跑到跟前了。

听说是海怪，蓬蓬头一个跳起来，跑过去朝着那条鱼好奇地看个不停，嘴里说："啊，这一定是一个海妖变的，一会儿就要现出原形了。"

别的孩子也一窝蜂拥上去，围着那条大鱼上上下下仔细打量。只见那条鱼大约 1.5 米长，周身圆鼓鼓的，显出奇异的青铜色，眼睛是深蓝色。只消看一眼，就可以看出有些不平常，透着几分古怪的味儿。

更加奇特的是，它的胸鳍和腹鳍又粗又大，不仅肌肉肥厚，在腹鳍里面还有一根硬邦邦的骨骼，好像是没有发育完全的腿儿似的。

这是用来做什么的？

茅妹猜："该不会是用来在地上爬的吧？"

蓬蓬得意扬扬地说："我早就说过，这是一个会变形的海妖。要不，怎么会有腿儿，能够在地上爬？"

按照蓬蓬的说法，这个海妖准是一个马大哈。它变成一条鱼，却忘记了把腿变成真正的鳍，露出了马脚。

茅妹想也不想一下，也半信半疑地跟着蓬蓬说："蓬蓬说得有些道理呀！如果不是那样，鱼怎么会有像腿儿的鱼鳍呢？"

大家再一看，它的尾巴也很奇怪，好像是古代的矛。别说孩子们没有见过，常年生活在海上的宋跃和吴飞也是头一次见识。请问，世界上哪有这样的鱼尾巴？

真是海怪吗？

如果不是海怪，怎么会是这个样子？

它会不会现出原形，把孩子们吓一跳？

话又说回来。如果它真的是神通广大的海怪，又怎么会被抓住呢？

瞧着它，孩子们议论纷纷。左也不是、右也不是，到底是什么东西？谁也没法说清楚。

大家正吵吵嚷嚷的，陈老师慢慢踱过来了，低头细细一看，禁不住高兴地欢呼一声说："啊呀，这是稀罕的矛尾鱼呀！"

什么是矛尾鱼？

为什么稀罕？

陈老师好不容易压抑住喜悦的心情，这才一五一十告诉孩子们：“这是生活在三亿五千万年前的泥盆纪的总鳍鱼的一种，是一个比大熊猫还珍贵的活化石呀！”

莉莉一拍脑瓜也想起来了，对小伙伴们说：“对啦，我听爸爸说起过。1938 年的冬天，一些非洲渔民曾经在南非附近的印度洋里，水深 40 米的地方，捕捉过一条矛尾鱼。原本以为这种古老的鱼类早就在 6500 万年前的白垩纪，就和恐龙一起绝灭了，想不到竟抓住一个活蹦乱跳的活标本，使全世界都吃了一惊。”

瞧着这条稀罕的矛尾鱼，孩子们越看越感兴趣。

茅妹问：“为什么它的腹鳍里有脚趾骨一样的硬骨头，和别的鱼类不一样？”

陈老师告诉她：“这是它用来爬上岸的‘脚’呀。”

啊，陈老师说什么，难道它真的可以爬上陆地吗？

“是的，”陈老师点头说，“它们为了生存，不得不这样做的。”

说了老半天，孩子们才慢慢明白了。原来，那时候的生存环境非常恶劣，许多地方的水塘和河流全都干涸了。住在河湖里的总鳍鱼为了活下去，不得不冒险爬上岸，再寻找一个新的溪流和水池。如果不赶快爬上陆地，转移到新的生存的地方，就会被火辣辣的太阳无情地折磨死。

爬啊，只有拼命往前爬，才有一点希望找到新的安身的地方。它可不是为了晒日光浴才爬上岸的。鱼儿没有水，怎么能够活下去呢？这是生死存亡的搏斗，不硬着头皮往前爬，就只有死路一条。

孩子们都听得入神了。茅妹又问：“后来怎么样了呢？”

陈老师说：“后来的结果，大家都看见了。许多被逼着爬上岸的总鳍鱼，在寻找新的生活环境的路途中死掉了。一些幸运儿迅速爬过陆地，找到了新的水塘。另一些渐渐适应了陆地的生活环境，长出了新的器官：腹鳍里长出了强壮的肢骨，慢慢发展成为脚；脑袋上长出了鼻孔，可以呼吸空气。它们终于适应了陆地生活环境，慢慢变成了新的两栖动物。"

茅妹不理解，再问："为什么现在大海里，还有这种总鳍鱼？"

陈老师解释说："这是一些返回海洋的种类。海洋总是鱼儿最理想的生存的故乡，多亏大海把它们保存下来。要不，我们今天怎么能够看见眼前这条矛尾鱼呢？"

眼前的矛尾鱼。

日本渔民抛进大海的长脖子怪物的尸体。

说不完的稀奇古怪的海怪的故事。

把这些统统串联起来，说明了什么？

是不是大海里真的藏着不知名的海怪？

是不是真的还有比总鳍鱼晚得多的蛇颈龙？

谁知道呢？谁能向孩子们说清楚？

问陈老师。

陈老师困惑地摇了摇头。

问暮色中越来越黯淡的大海。

大海没有回答。只是掀起了一阵阵波浪，哗啦哗啦拍打在船身上，发出一阵阵神秘的声响……

一些海洋活化石名单

除了总鳍鱼，大海里还有活化石吗？

有的！藏在大海水波下面，还有一些同样的活化石呢。别瞧它们的个儿很小，瞧着很不起眼，却也是打从遥远的地质时期保存下来的活化石。

海豆芽：从四亿四千万年前的奥陶纪保存到现在。

海胆：从四亿四千万年前的奥陶纪保存到现在。

海百合：从四亿四千万年前的奥陶纪保存到现在。

鲎：从三亿五千万年前的泥盆纪保存到现在。

够啦，只消举出这些例子，就能够说明深深的大海里，还存在着许多古老的活化石。有的我们习以为常，有的猛一看见会大吃一惊。大海啊，还会给我们什么惊奇呢？

第38天
高高耸立的钻井平台

海上没有一丁点儿风，海平平的，平得好像是一张铺开的大桌布，一直铺向远远的海平线。站在甲板上看，周围没有一只船影，甚至连平时老是哗啦哗啦响个不停的波浪也没有。整个大海上只有孩子们乘坐的考察船，孤单单地慢慢行驶着。

唉，这样的景色实在太单调乏味了，乏味得使人想打瞌睡。

瞧，茅妹就靠坐在甲板上的阴凉处打瞌睡，只有蓬蓬独自站在甲板上东张西望，想瞧见什么有趣的东西。在他的脑袋里，整个天地就是一个童话，有什么稀奇古怪的事情不会发生，什么稀奇古怪的东西不会冒出来呢？

他的姐姐莉莉招呼他："进去吧，外面怪热的，到船舱里面歇一会儿吧。"

他正沉浸在自己的幻想里面，一心一意想要瞧见什么东西，才不干呢。莉莉没有办法，只好叹一口气，让他留在被太阳晒得滚烫的甲板上，自己回去休息了。

蓬蓬看呀看，忽然一下子瞧见一个古怪的玩意儿。

啊，那是什么？远远的海平线上忽然冒出一个黑乎乎的影子。

这不是船，因为它高高耸立在海上，船怎么会是这个样子呢？

这不是岛，因为它有几只脚，海上的小岛怎么会有脚呢？

真的有脚吗？

蓬蓬怀疑自己是不是看花了眼睛，使劲拭一下，再仔细一看。没有错呀！这个怪物果真有脚呢！他再仔细数一下。

一，二，三。

啊呀！这个怪物有三只脚。

什么东西有脚，能够稳稳站在海水里？

准是一个巨人。

什么东西有三只脚？

准是一个妖怪！啊呀！不好啦，海里冒出一个巨人妖怪，会不会抓住他们，一口一个，统统吞进肚皮？

蓬蓬吓坏了，连忙推醒茅妹。茅妹睡眼惺忪地一看，也跟着大声嚷叫起来。船舱里的小伙伴们听见了，一窝蜂拥出来，朝着蓬蓬手指的方向抬头一看，也惊奇得几乎不相信自己的眼睛了。

啊，真的有一个巨大的黑影叉开三只脚站在海里，活像是一个三脚妖怪。

真的是妖怪吗？

跟着出来的老万大叔忍不住哈哈笑了。

哪是什么妖怪呀，这是海上的石油钻井平台。

在老万大叔的指挥下，考察船直朝那个钻井平台驶去，越来越近了。孩子们这才看清楚，果真是一个高高耸立在海上的钻井平台。那个"巨人"的高大的身子，是高高耸立的井架。下面的三条腿，就是支撑的钢铁脚柱呀！啊，钻井平台，孩子们明白了，这就是海上开采石油的地方呀。好不容易遇见了，得要好好拜访一下才行。

平台上面的工人叔叔也看见他们了，连忙让船靠拢，把孩子们一个个带上去。

孩子们兴冲冲走上去一看，惊奇得合不拢嘴巴。只见这个钢铁平台有好几十米长、好几十米宽，几乎有半个足球场一样大。巨人似的井架竖立在正中央，和陆地上的石油井架一模一样。旁边还有转盘、绞车和高大的吊车，许多不同的机械设备，甚至还有一个小小的直升机起落坪，上面停放着一架直升机呢。

这儿距离海岸很远，海水很深，巨人一样的钻井平台怎么站得稳呢？

茅妹问："风会不会把钻井吹倒？"

王洋问："海浪会不会把它推倒？"

一个钻井工人告诉他们："放心吧，这是最先进的半潜式钻井平台，不会出问题的。"

半潜式钻井平台是怎么一回事？

原来这种钻井平台除了上面的工作甲板和支撑的立柱，在每根立柱下面还藏着巨大的浮箱。把水压进浮箱，就可以下潜到需要的深度。那儿的海水动荡很小，使平台底部处于十分稳定的环境中。露出在海面上的，只是几根圆圆的粗大立柱，受到海浪的冲击力量不大。加上立柱之间距离比较远，平台的跨度比较大，所以它的稳定性很好，能经受得住迅猛的海风、20—30 米波高的海浪，稳稳当当地屹立在海面上。人们在工作甲板上，没有任何摇晃的感觉。

这是真的呢。不一会儿起风了，海上卷起起伏的波浪。孩子们站

在平台甲板上，一点也不觉得晃动，对这个钢铁浮岛产生了信心。

钻井工人带领他们在上面到处参观。噢，想不到在上层甲板下面，还有一层甲板呢。

下面的甲板也是一层工作平台。这儿有发电机舱、泥浆泵舱、泥浆池、配电室、机修间、锅炉间、钻井工具材料库等各种各样的工作车间和实验室。不消说，钻井工人的居住舱、一些生活设施也在这里，像是一个巨大的海上城市。

最下面还有一层甲板，那是油气处理的地方。开采出来的原油需要进行脱水、脱硫等作业，这里好像一个微型石油化工厂。

孩子们不明白，开采出来的原油，怎么运送到需要的地方呢？

带领他们参观的钻井工人说："离岸近的，可以用输油管，远的可以用油轮运送呀。"

茅妹问一位钻井工人："住在这儿不寂寞吗？"

那个工人回答说："这儿可好啦，什么东西都有，可以开展各种各样的娱乐活动，还可以轮班回基地休假，有什么寂寞呢？"

是啊，这儿和一座普通的小岛没有什么差别，生活在这儿和陆地上一样。孩子们都巴不得在这儿多住几天，好好体会一下海上钻井平台的生活。只是由于他们还有自己的考察计划，才依依不舍离开了这座钢铁小岛。

"海上石油城"

什么是"海上石油城"？就是高高耸立在海上，好像高楼大厦似的采油平台和钻井平台呀。

在茫茫大海上，要想修造起一座座巨大的海上平台很不容易。必须先把一根根长长的脚架牢固植入海底打好地基，再在上面安装建筑部件，才能够使平台抵抗住海风、海浪、海流、海冰和海底地震的影响，像钢铁巨人似的稳稳竖立在波涛汹涌的海上。

海上平台好像是一座巨大的海上城市。这里的生产作业区内，拥有各种各样的生产车间，可以进行原油处理，平台好像是一座微型海上化工厂，通过管道和油轮将石油输送往四面八方。在海上平台里，还有几层楼高的生活区，宿舍、餐厅、娱乐设备样样齐全。说它是一座"海上石油城"，一点也不过分。

为了开发海底石油、天然气，我国已经建成了多种类型不同的海上石油城。有的是三条腿，有的是四条腿，有的是半嵌式，有的是自生式或永久巩固式，有的专门用来钻井，有的专门用于采油，还有专门为油井提供动力的无人"空城"呢。

钻井平台的种类

坐底式平台——可以直接固定在海底，在很浅的海区使用。

自升式平台——利用液压使支撑平台的立柱升降，适合不同的水深。主要在浅海使用。

半潜式平台——就是正文中介绍的类型。这是一种浮式钻井平台，广泛使用于较深的海上。

第39天
大海不是垃圾桶

考察船正在海上航行，值班水手吴飞的耳机里忽然响起一个求救的讯号。

SOS，SOS……电波一阵紧似一阵，不停地传进吴飞的耳鼓，使他大吃一惊。

SOS 是紧急呼救的国际讯号，一定有一艘船在附近的海上遇险了。

吴飞不敢怠慢，立刻回呼它，设法了解出事的详情。

回应的电波来了，吴飞很快就掌握了全部情况。

原来这是一艘外籍油轮，在附近的海面不慎触礁，船体正在缓慢下沉，情况非常紧急。

吴飞连忙冲出值班室，向老万大叔报告。

老万大叔皱着眉毛说："天哪，一艘油轮出事，不要污染了海水才好。"

船上立刻紧急行动起来，做好抢救的准备，加速掉头驶向出事的地方。孩子们都拥挤到甲板上，焦急地眺望着海上，想尽快知道这场海难的情况究竟怎么样。

老万大叔端着望远镜，首先看见了。接着，眼睛最尖的蓬蓬也手指着海平线远处，大声嚷了起来："我看见啦，它在那里。"

随着越驶越近，现在大家都看清楚了。这是一艘大型油轮，在水上歪着身子，正在慢慢往下沉没。

再仔细看，瞧见几个小黑点在水上浮沉着。猛的一下子，孩子们没有醒悟过来，不知道是什么东西。

王洋定睛一看，禁不住喊叫起来："啊呀！这是落水的人呀！"

的确是油轮海员。孩子们看见其中离得最近的一个，还高高举起手臂，挥舞着一张白手绢，朝向这边招呼呢。

救人如救火，宋跃和吴飞立刻划着一只救生艇，飞快地朝他们冲去。多亏他们赶得快，也多亏这些落水的油轮海员有自救的经验，依靠救生衣和漂浮的物件，在波涛起伏的海上咬牙稳住了身子，才能够坚持到援救者的到来。

他们登上了考察船的甲板，才用难懂的语言，向大家说明了情况。原来这是由于操纵失误，碰撞了水下暗礁引起的。现在回头看，那艘油轮已经沉没一大半了。

只是整体沉没还算好，麻烦的是它在翻沉过程中，拦腰折为两段。储存在舱里的石油翻翻滚滚流了出来，一下子就在海上铺开，污染了一大片海面。

大家纵目一看，黑乎乎的石油随波散开，形成一片黏稠的东西，盖住了整个海面。在亮灿灿的热带阳光照耀下，反射出一派奇异的油脂光泽，好像是一个脾气古怪的画家，握着一个巨大的刷子，在水上涂抹了一层厚厚的黑色油彩似的。由于黏稠的石油的胶结作用，汹涌的海水被紧紧粘住，完全失去了海上固有的蔚蓝色水波喷吐着雪白的浪花，发出一阵阵悦耳的喧响，轻快荡漾的样子。

这就是孩子们熟悉的大海吗？仅仅是一艘油轮沉没漏油，怎么会一下子把大海变成了这副模样？

接着往下再看，情况更加糟糕了。

看呀，几只落在水上的海鸥被乌黑的石油紧紧吸住身子，没法展开翅膀飞起来，用力挣扎着，真可怜极了。

蓬蓬着急地说："赶快救那几只海鸥呀！"

他还没有说的时候，宋跃和吴飞已经动手了，划着救生艇从水上提起两只受难的海鸥，带上考察船的甲板。可怜的雪白海鸥，已经变成了两只难看的黑鸟，嘎嘎尖叫着，别说不

能飞上天，连一跛一跛走路的劲儿也没有了。几个孩子怀着同情心，给它们清洗羽毛，弄了老半天，还是没有办法清洗干净，只好眼看着它们奄奄一息倒在甲板上，等待最后的死亡。

救起这两只海鸥，事情就完了吗？

不，举目一看，海上还有许多海鸟和鱼儿，都在油污裹罩下垂死挣扎呢。

最倒霉的是一只信天翁，它瞧见水面有一条鱼儿挣扎，笔直地从高高的空中俯冲下来，想一口叼住它，美美地大嚼一顿。想不到落海的时候，自己的翅膀尖儿也被黏稠的油污粘住了，再也飞不起来，和那条鱼一起成为不幸的牺牲者。

海上的油污是可怕的胶水！海上的油污是可恶的谋杀者！多少无辜的生命遭受到无情的伤害？它比陆地上一场大火还要厉害。

啊，这不仅是油轮和装载的石油本身的损失，还严重污染了大海的生态环境，给海洋生物带来了一场不可估量的灾难。

孩子们着急了，好几个孩子都焦急地询问："难道任随水上的石油越漂越宽，把整个大海都遮盖起来，就没有办法了吗？"

王洋想："能不能修一道栅栏把油污围起来？"

老万大叔说："人是聪明的，当然也尝试了办法。"

什么办法可以阻挡油污在海上扩展？因为油污全都漂浮在水面

上，人们想出使用油栅的办法。把出事地点周围用浮在水上的油栅紧紧围住，就可以阻挡油污继续扩展开，保护外面的清洁海面了。

王洋关心地问："这样有效吗？"

老万大叔无可奈何地摇了一下头说："如果在没有风浪的天气，海面比较平静还可以。遇见比较大的风浪，油栅本身也不能固定，当然就不能挡住油污向外面扩散了。"

茅妹问："可以把漂浮在水上的石油收回来吗？"

老万大叔说："从理论上讲，也是可以的。可以用机械吸油器，在出事地点吸收石油。但是收回来的，毕竟总是少数。要想把所有的全都收回来，还是不可能。"

阿颖和徐东问："有没有别的办法，把浮在水上的油污消除干净？"

老万大叔说："有一种化学药剂可以试一下，但是问题也不少。"

使用化学药剂除油，有什么问题？

首先是成本比较高，耗费的资金太大了。

其次，如果时间拖长了，原油经过分解变化，会变成泥泞一样，化学药剂也不起作用了。

眼望着海面乌黑的油污扩展得越来越大，孩子们忍不住发出伤心的叹息。

唉，石油污染实在太可怕了。这一切都是人们不小心造成的，实在太不应该了。

海洋污染仅只是石油吗？

不，生活垃圾、工业废料、农药、有毒气体，甚至具有强烈放射性的核废料，也被不停地倾倒进蓝色的大海。

我们的星球只有一个连通的海洋，大海不是垃圾桶！人们啊，小心，别再弄脏了我们的大海。

阿拉斯加石油污染事件

1989年4月，埃克森石油公司的一艘巨大的油轮，满载着100万桶原油，正缓缓驶过阿拉斯加海面，前往加利福尼亚的炼油厂。一切平平常常，想不到竟发生了一场可怕的灾难。

船长竟在值班时间喝醉，把驾驶这样大一艘油轮的任务，随便交给没有经验的年轻三副承担，导致油轮偏离了航线，撞上礁石，在海上搁浅了。猛烈的撞击，把油轮的船舷撕开了四个大洞，船上装载的原油立刻溢流出来。几天后，溢出24万桶，盖满了上千万平方千米的海面，还把森林密布的海岸弄得一团糟。

由于种种原因，救援船只在10个小时后才赶到现场，运来许多油栅，企图圈住漏油的油轮和周围已经污染了的海面，阻止油污继续扩散。想不到海上忽然刮起了大风，风浪一下子就击碎了好不容易筑起的油栅防线。许多油污飞快扩散出去，想拦也拦不住了。无奈之下，人们只好招来直升机，使用激光枪点燃漂浮在海面的油层。想把海上的积油烧光了事。但是有的地方油层比较薄，没法用激光点燃。接着，又用上了机械吸油器，捞起了几千吨原油，用化学药剂清除了一些漂浮的油污，却不能完全解决问题。

这场溢油事件不仅严重污染了大面积的海洋，还毒死了上万只海鸟，数以千计的海豹、海獭、海象，甚至鲸鱼都大批死亡，造成的后果无法估量。

第40天
海底古船

王洋对茅妹说："我们来钓鱼吧。"

茅妹点头说："好呀！"

两个孩子坐在甲板上，手里握着钓鱼竿，放下长长的钓鱼线，安安稳稳等着鱼儿来上钩。钓了老半天，一条鱼也没有钓起来，茅妹有些丧失信心了。

王洋安慰她："别泄气，只要有耐心，总会有收获的。"

他们钓呀钓，又钓了老半天，还是没有一丁点儿收获。

茅妹再也坐不住了，对王洋说："你要钓，自己钓吧。我可要走了。"

王洋说："别急呀，再来最后一次吧。"

王洋收起钓鱼线，用力再抛下去。这一次，把线放得更长，不一会儿果真钓着一个沉甸甸的东西了。

啊呀，这一定是一条大鱼。

茅妹瞧见他钓着东西了，也停下了脚步，想看一下到底钓着了什么东西。

王洋兴致勃勃地用力一拉，将它拉出了水面。两个人都惊呆了。

啊，哪是什么鱼呀，想不到竟是一个带把手的白瓷茶壶，造型非常奇特。

仔细一看，壶底上面有几个繁体汉字："永乐元年，景德镇制"。

　　哇，这是有名的景德镇瓷器，是一个值钱的古董呀！深深的海底，哪来的这个古色古香的白瓷茶壶？

　　茅妹猜："莫不是谁不小心丢在这儿的吧？"

　　谁会这样不小心，丢掉这个茶壶呢？

　　王洋说："不会单单丢掉一个茶壶，准是一只沉船里的东西。"

　　造型奇特的古代白瓷茶壶。

　　沉船。

　　这两个概念加在一起，岂不意味着这里有一只古代沉船吗？

　　是的，准是这么一回事。

　　两个孩子越想越有门，连忙把钓鱼竿抛得远远的，小心翼翼地双手捧着这个出水文物，喜滋滋跑回去，交给陈老师看。

　　陈老师仔细看了点头说："永乐是明成祖的年号，大航海家郑和就是他派去下西洋的。如果水下有一只沉船，肯定就是郑和船队的。"

　　啊，郑和船队的沉船，多么有意义呀！陈老师和老万大叔商量了一下，立刻就做出决定，派人下水探索沉船。

　　这样重大的事情，派谁下去呢？不消说，首先是老万大叔和两个有经验的青年水手。陈老师留在船上负责收取打捞起来的文物，进行鉴定和编号保管。可是热情冲动的孩子们也争先恐后，吵闹着要参加这个难得的活动。

　　他们吵闹得太厉害了。

　　有的说："让我去吧，我一定听老万大叔安排，不会乱跑，也不会出问题。"

　　有的说："我的身体好，游泳技术呱呱叫，保证可以完成任务。"

　　有的说："我们出来就是学习的。这样好的机会，为什么不让我们参加？"

　　还有的说："女孩子和男孩子一样，我们也应该试一试呀！"

　　噢，他们七嘴八舌越吵越厉害。陈老师没有办法，只好和老万大叔说好，选择几个孩子下去跟着一起工作。

谁下去呢？孩子们都眼巴巴望着。结果陈老师宣布，下海的只有卢小波、郑光伟、王洋和茅妹四个，别的孩子统统留在船上。

陈老师解释说："上面的工作也很重要，让莉莉和罗冰带领，和我一起整理出水的文物吧。"

名单宣布了，有的孩子高兴得跳起来，有的噘着嘴巴不高兴。但是这是考察队的纪律，谁也不能够违反。没有被批准下海的孩子们叽里咕噜了一阵，只好老老实实留下来了。

卢小波和选中的伙伴们背着氧气瓶，戴上了潜水面罩，穿了橡皮脚蹼，高高兴兴跟着老万大叔和两个青年水手扑通扑通跳下水，潜入水底去了。

这里是一片危险的暗礁分布的地方，海水不算太深，一下子就潜入到了海底。举目一看，松软的泥沙上横躺着一艘巨大的木头海船。由于年代久远，木头已经朽坏了，表面布满了海藻和附生的甲壳动物。一群群鱼儿悠闲自在地穿过船舱慢慢游动着，瞧见一伙人突然下来，吓得立刻摆动尾巴惊散了。

王洋仔细一看，禁不住失声赞叹道："啊，这只船真大呀！还有两层楼呢。"

卢小波说："从前我看过一本介绍郑和船队的书，说里面有许多很大的宝船。这只楼船必定就是其中的一艘。"

在老万大叔的带领下，大家慢慢进入了这只船的内部，楼上楼下仔细搜寻了一遍，发现了许多珍贵的文物。除了一箱箱细瓷器，还有许多精致的木雕、玉石古董和当时的钱币。别的吃的、用的东西，就更加数不清了。东西一件件运送到考察船上，经过陈老师初步鉴定，认为它们有很大的价值。

陈老师说："这不仅证明了郑和船队装载了许多珍贵的礼品，到西洋各国发展友谊，而且这还是我国古代高度发达的文明象征。"

　　啊，这只明代的楼船简直就是一个价值连城的海底博物馆呀！看了这些珍贵的文物，孩子们全都非常兴奋。

　　茅妹问："为什么这只楼船会在这里沉没呢？"

　　老万大叔说："这是南海上有名的危险礁石分布区，也是台风经常出没的地方。它必定被台风吹离了航道，才漂流到这里触礁沉没的。"

　　是啊，海上触礁是常有的事情。古今中外不知有多少船只这样失事沉没，这是最常见的一种海难原因呀。

　　王洋问："海上沉船还有别的原因吗？"

　　老万大叔说："这可一下子说不清了。风浪、碰撞、失火和别的许多原因，都可以造成沉船事故。"

　　阿颖和徐东问："您知道大海下面有多少沉船吗？"

　　老万大叔轻轻摇了一下头说："这个问题谁也没有办法统计清楚。但是可以说的是，自古以来海底沉船必定不是少数，沉船带来了无数悲惨的灾难。大量沉船沉进海底，影响了海底的生态环境，也已经造成了一个严重的海洋环境保护问题。"

泉州古船

1974 年，福建泉州的后渚港有一艘宋代的古船出土。它全长 34 米，载重量达到 250 吨，是当时世界上最先进的三桅远洋货船。

泉州是宋元时期有名的"东方大港"，也是"海上丝绸之路"的起点，海上交通和贸易非常发达，这艘出土古船就是最好的证据。现在这艘古船陈列在泉州海外交通史博物馆内，同时还有许多珍贵的文物一起展出。

大西洋坟墓

在美国东北部海岸的拉捷拉斯海角附近，有一片危险的浅滩。北方来的一股海流，恰巧在这里和墨西哥洋流交汇，常常出现险恶的交叉海浪，造成许多船只沉没，所以它被起了这个不祥的名字，或者又被叫"船的坟墓"。

在加拿大的新斯科夏附近有一个浅滩，从 1800 年起，大约有 500 艘船只在那儿沉没，所以它也叫这个名字。

第41天
紧急弃船警报

不好了，船要沉了。

真的是船沉了吗？

不是的，这是一次沉船演习，是陈老师和老万大叔精心安排的一个最后的节目。为了演出逼真，事先没有告诉孩子们，看他们在紧急情况下有什么反应。要知道，海上什么事情都可能发生，一个多月的海上实习就要结束了，孩子们都有了一些航海的经验，可是海上逃生这一课，还应该认真补上才好。用老万大叔的话来说，不懂得海上逃生自救的水手，是不合格的水手。

陈老师也说："这次航海实习，着重理论与实践相结合。如果只会死记硬背书本上的理论，不知道在各种各样复杂的情况下怎么处理实际问题，也是不合格的。"

事情这样定下来了，立刻就开始执行。

整个过程非常突然，就像真正的海难事件都很突然。陈老师和老万大叔眼见孩子们正在舱房和甲板上无忧无虑地玩耍，就发出弃船的警告了。

老万大叔暗暗指挥宋跃胡乱扳着舵，使船摇来摆去的，好像真的出了什么故障。然后煞有介事似的拉响了警报器，大声喊叫道："赶快离船，咱们的船快要沉没了。"

陈老师和两个青年水手也装得紧张兮兮的，配合着他立刻组织孩子们离船。

耳听着一声紧似一声凄厉无比的警报声，孩子们一下子全都傻了。

卢小波问："这是真的吗？咱们的船好好的，为什么要立刻弃船？"

宋跃边催促着他，边解释说："船上的事情你们不清楚，这可是真的！"

蓓蓓吓得脸色刷白，茅妹不知道该怎样才好，蓬蓬紧紧拉住姐姐的手，吓得放声大哭起来。平时欢蹦乱跳的王洋、阿颖和徐东也慌了手脚，只有郑光伟沉住了气，没有乱喊乱叫。

老万大叔皱着眉头催促大家："快呀！只有几分钟的时间，赶快做好准备上救生艇。"

弃船前的短短几分钟，应该做些什么？

郑光伟赶忙问老万大叔："发出求救讯号了吗？"

老万大叔点头说："放心吧，我已经发出了。"

卢小波关心地问："报告我们的船位了吗？"

老万大叔说："那还消说吗？我已经用无线电报告了。"

莉莉问："附近有别的船只吗？有没有收到我们的求救讯号？"

老万大叔说："最近的一艘渔船距离我们还有 100 海里远，现在我们只能设法自救。"

罗冰急着在甲板上跑来跑去，找到一个瓶子，连忙写了一封求救的纸条塞进去。把瓶子塞紧抛下大海说："这是漂流瓶，但愿有人把它捞起来，就知道我们的情况了。"

得啦，短短几分钟没有多余的话好说，大家只好回过头，赶快准备带上必要的东西离开这只快要沉没的船。

让我们来看一下，孩子们是怎么应付这场意想不到的灾难，带了些什么应急的东西吧。

阿颖和徐东第一个条件反射，就是手牵手奔向船边，打算翻过栏杆纵身跳下大海。

宋跃和吴飞连忙拉住他们说："别跳，现在还有时间上救生艇。不到万不得已的时候，千万不要随便跳海。"

罗冰赶忙套上救生圈，蓓蓓随手抓了一盒饼干，卢小波提了一桶清水。王洋稀里糊涂的，抱着一床被子，拖在地上拼命跑。莉莉一手拿着医药箱，一手牵着哭哭啼啼的蓬蓬，催促他快跑。

蓬蓬呢？

他抱着自己最喜欢的绒毛熊，张开嘴巴哇哇哭着，泪水滴流在绒毛熊身上，把不会说话的绒毛熊弄湿了一大块。

吓昏了脑袋的孩子们晕头转向又哭又叫，爬上两只救生艇坐好了，被慢慢放到波涛起伏的海面。

他们安全了吗？弃船演习合格了吗？

噢，不，老万大叔皱着眉头摇了摇头说："唉，你们怎么搞的，带了些什么东西逃生呀。"

他和两个青年水手——耐心检查孩子们带的东西，分别对他们解说。

他们首先称赞罗冰，又提醒他："立刻套上救生圈是对的，但是还必须带上别的应急的东西。要不，只有救生圈，也会饿死、渴死的。"

接着对蓓蓓说："带吃的没有错。可是只有吃的，没有清水，也会渴死呀。"

再转过身子告诉卢小波："带足清水非常有用，但是没有吃的也不行。"

下一个是告诫王洋："如果不是在寒冷的海上，被子的用处不如合适的衣服。最好带暖和的毛织品，千万不要忘记长袖衬衣，还要帽子、围巾、手套，这些在海上都有用处。"

王洋想，保暖的衣服在海上过夜有用。长袖衬衣有什么用处呢？

老万大叔说："防晒呀！帽子也起这个作用。如果有防晒油膏，那就更好了。"

接着，他对莉莉说："医药箱很重要，吃的东西更加重要。来不及带更多的东西，抓一把巧克力，用来增加热量也好。"

不消说，海上漂流必须节约饮水和食物。不要大声喊叫，保持身体热量不致迅速散失。

离船上救生艇，还必须准备什么？

太多了没有用，小小的救生艇也装不下。除了上面所说的，老万大叔又特别重复、强调了几点。

1. 每个人必须穿上救生衣，或者带着救生圈。

2. 带上保暖和防晒的衣服，护目镜。

3. 带上必要的食物和清水。

4. 做好断绝食物和清水的思想准备。必须节约吃食和饮水，设法制作捕鱼和收集雨水的工具。

5. 准备好信号枪、手电、警笛、照明灯具、反射阳光器具、无线电通信设备，或者其他用来求救的工具。

除了这些必需品，多余的物品最好抛弃，不要增加救生艇的重量。孩子们爬上救生艇，在海上划了一圈，又划回来了。抬头一看，大船好好的，压根儿就没有沉没。

咦，这是怎么一回事？老万大叔才哈哈笑着告诉他们："这是一场弃船演习，不是真的。"

噢，原来如此，孩子们被吓唬了一场，这才长长吁了一口气。

这样演习一场有收获吗？

卢小波说："这场演习太逼真了，考验了我们的应变能力，让我们也懂得了到时候应该准备什么东西，当然有收获啰。"

王洋和茅妹感叹说："如果是真的，准会出许多漏子。"

陆地的信号

在海上漂流，多么想瞧见陆地呀。

什么现象是接近陆地的标志？

1. 傍晚瞧见成群的鸟儿朝一个方向飞去，那儿可能就有陆地。

2. 看见海上有木头或别的漂浮物。

3. 风力没有变化，波浪却变弱了，前面可能有陆地。

4. 晴朗天气情况下，热带积云下面有绿色的"环礁湖光"。

漂流瓶

茫茫大海上，有许多漂流瓶随波逐流到处漂来漂去。

漂流瓶是怎么一回事？

把信写好，放进一个瓶子塞紧，丢下水让它随着海水漂流，就是漂流瓶了。如果在瓶子里面装一丁点儿沙子做镇重物就更好了。

漂流瓶有什么用处？

不消说是用来传递信件和消息的。古往今来，不知有多少人利用漂流瓶报告船舶出事、受困在荒岛，传递写给远方亲人和陌生人的书信。人们说，一个漂流瓶里，藏着一个离奇的故事，一点也不夸张。

1885 年，摩纳哥阿尔贝特亲王投放了 2000 多个漂流瓶，请求找到它们的人报告位置，用来观察大西洋里的洋流。

1962 年 6 月 20 日，人们在澳大利亚西部的珀斯投放了一个漂流瓶，5 年后它在美国佛罗里达半岛的迈阿密被打捞起来。海洋学家认为它大约绕过非洲的好望角，又在大西洋里绕了一个圈子，最后到达这里，估计行程 26000 千米，创造了目前所知的漂流最长的纪录。

第42天
尾 声

短短四十天的海上生活结束了，考察船按照原来的计划，开动了全速，越过辽阔的大海，驶回亲爱的故乡。

卢小波和郑光伟坐在船台上，伴随着老万大叔，学会了驾驶和观察航线。阿颖和徐东在机舱里，跟着宋跃学习操作机械的技术。莉莉和罗冰在专心整理航海笔记，王洋和剩下的几个小伙伴站在船头，踮起脚尖眺望着远方的海平线，巴望早一些儿眺见故乡的影子。陈老师满意地从船头走向船尾，观看着专心一意的孩子们，绽露出微微的笑容。

是啊，孩子们非常满意，他也很满意。四十天很短，也很长。他们穿越过辽阔的太平洋，还到印度洋、大西洋和北冰洋也看了一眼。打开海图看，他们整整围绕着地球兜了一个大圈子，看见的东西真不算少呀。

如果没有这艘装配着先进动力的帆船，怎么可能在这样短的时间里，冲波破浪飞速前进，完成了比儒勒·凡尔纳的著名科幻小说《八十天环游地球》快得多的任务呢？

如果没有经验丰富的老万大叔和两个年轻的水手的帮助，怎么可能顺利完成这次环球航行呢？

好呀，好呀，孩子们晒黑了面孔，学会了许多航海知识，个个都在实际的航海生活里经受了锻炼，考试及格了。

快了，快了，孩子们归心如箭，巴不得给帆船插上翅膀，让它拍着翅膀飞起来，立刻就飞回到故乡，把自己在远方海洋上看见的一切，一下子全都讲给爸爸、妈妈听，让邻居的小伙伴们羡慕得流口水。

近了，近了，一群群雪白的海鸥不知从哪儿飞来，跟随着快艇上上下下飞翔，叽叽喳喳叫着，好像给他们送行，好像对他们说："喂，朋友，别忘记我们，欢迎你们再到海上来玩呀！"

近了，近了，已经可以眺望见远远一条黑色的地平线了。

那就是祖国，就是故乡，就是爸爸、妈妈等待他们的地方呀！近了，近了，已经可以看见波浪喧天的岬角上，高高耸起一座灯塔的影子。尽管现在阳光灿烂，不是黑夜，灯塔没有放射出雪亮的引路的灯光，可是它的熟悉的影子，岂不也是指引回家的道路的指路碑吗？

近了，近了，已经可以清清楚楚看见港口了。四十天前，他们就是从这里出发的，现在又平安归来了，怎么会不高兴得跳起来呢？

人们常常说，远航的水手归来，总是兴高采烈，会像孩子一样欢呼。他们就是真正的孩子，岂不会比水手们更加高兴吗？

现在，所有的孩子，包括陈老师和宋跃、吴飞一起，全都挤上了船头，只留下老万大叔一个人在驾驶台里，用锐利的目光望着前方的航道，也笑吟吟看着甲板上的孩子们。不消说，他们的心儿全都飞到了前面的目的地。

人群里，不知是谁唱起了一首歌，所有的孩子们都放开了嗓子，一下子跟着唱了起来。

海风轻轻吹，
船儿摇啊摇，
我们远航回来了。
海港，你好！故乡，你好！我们有多少远方的见闻，
要向你细细介绍。

海风轻轻吹，
船儿摇啊摇，
我们远航回来了。
老师，你好！同学，你好！我们有多少海上的故事，
要向你们慢慢报告。

海洋测量单位

海图：表示海洋面积、轮廓和深度的"地图"。有的海图上，还标有洋流、航线和别的内容。

海图基准面：这是海图上的理想的水平面，人们以此作为图上的海洋深度的测量根据。一般情况下，相当于最低潮的海面。

等深线：在海图上，将深度相同的地方连接起来的一条条曲线。一般情况下，不同的深度使用不同深浅的蓝色来表示。

海里：使用于海上航行。1海里 = 1.852千米，实际使用时常常简化为1.8千米。

里格：这是两三个世纪以前，曾经使用过的海洋长度单位。1里格 ≈ 3海里。

节：这是海上的速度单位，等于每小时1海里，约等于每秒52厘米。

平均海面

深度基准面

海图上水深

后 记

这本书写完了，还有几句话要说。

首先要说的是，这是一本假想的海上考察记，每天讲一个有关海洋的知识。为了说清楚许多问题，不得不设计许多情节。但是考虑到篇幅的限制，只能写四十二天的内容。

几个毛孩子，在老师的带领下，短短四十二天就走遍海上东西南北的许多地方，还要在各种各样的岛上考察，时间够用吗？显然是不可能的。请读这本书的少年朋友们给一些宽容，不要在时间计算上过于苛求。谢谢！接着要说的是，海洋科学知识非常丰富。笔者虽然也考察过海上的一些地方，到过北冰洋和太平洋、大西洋边，好奇地喝了几口又苦又咸的海水，却不是真正的海洋科学工作者，也不是经验丰富的海员，知识非常有限，遗漏在所难免。如果有什么错误，敬请批评指正，再谢谢！

刘兴诗
于远离大海的内地成都

图书在版编目（ＣＩＰ）数据

奇幻的海洋 / 刘兴诗著. -- 武汉：长江文艺出版
社， 2021.6
　　（刘兴诗科学冒险故事）
　　ISBN 978-7-5702-2082-3

　　Ⅰ. ①奇… Ⅱ. ①刘… Ⅲ. ①海洋学－少儿读物
Ⅳ. ①P7-49

中国版本图书馆 CIP 数据核字(2021)第 060087 号

责任编辑：李　艳　王天然　　　　　责任校对：毛　娟
设计制作：格林图书　　　　　　　　责任印制：邱　莉　胡丽平

出版：长江出版传媒　　长江文艺出版社
地址：武汉市雄楚大街 268 号　　　邮编：430070
发行：长江文艺出版社
http://www.cjlap.com
印刷：湖北恒泰印务有限公司

开本：640 毫米×970 毫米　　1/16　印张：16.5
版次：2021 年 6 月第 1 版　　　2021 年 6 月第 1 次印刷
字数：193 千字

定价：36.00 元